作者简介

迈克·维金（Meik Wiking）是丹麦哥本哈根幸福研究所的首席执行官。他致力于找到那些让人幸福的东西，并且坚信 HYGGE 就是让丹麦成为世界幸福之国的魔法秘方。

HYGGE

丹麦人
为什么幸福

[丹麦] 迈克·维金 著 林娟 译

中信出版集团·北京

目录

导语 4
幸福的秘诀 6
第一章　要有光 9
第二章　我们来好好谈谈HYGGE 23
第三章　归属感 49
第四章　吃好喝好 69
第五章　怎么打扮才HYGGE 101
第六章　装饰出HYGGE风格的家 111
第七章　家门外的HYGGE 141
第八章　HYGGE的一年 153
第九章　HYGGE无须花费太多 175
第十章　哥本哈根HYGGE之旅 199
第十一章　完美圣诞 215
第十二章　没有蜡烛和壁炉的夏天 241
第十三章　HYGGE的五感 257
第十四章　HYGGE和幸福 269

导语

Hooga? Hhyooguh? Heurgh? HYGGE①这个词究竟如何发音？如何拼写？至今仍搞不清楚，不过这并不重要。某些情绪和感受，我们总是难以用一个准确的单词表达出来。正如我们这个时代最伟大的哲学家——小熊维尼所说：你不需要拼写，你只要去感受。

拼读HYGGE也许相对简单，而要解释何为HYGGE，可就有点困难了。HYGGE可以被赋予很多概念和定义，比如："制造亲密的艺术""灵魂深处的舒适""烦恼尽消""享受当下一切让人欣慰的愉悦""温暖的相聚"，还有我个人最喜欢的"烛光伴热巧克力"。

HYGGE并非一件物品，而是一种氛围和经历。是我们与所爱之人在一起，一种家的感觉，令我们安心的感觉。它让我们感觉受到了世界的庇护，从而放下所有的防备。也许你们正在交流着生活中大大小小的事情，或者仅仅是惬意地享受着对方无言的陪伴，抑或是你自己在悠闲地品着一杯香气四溢的咖啡。

有一年12月，圣诞前夕，我和朋友在一个老旧的木屋一起过周末。那是一年中白昼最短的一天，茫茫白雪把周围的景色点亮。下午4点夕阳西下以后，接下来的17个小时将再也见不到阳光。

---

① HYGGE：根据牛津字典，这个词读作[heu-gah]，可以是名词、形容词和动词。意为美好、惬意、舒服等，表达的是丹麦人生活的一种独特方式，描述的是舒服满足的状态，是丹麦的独特文化，因此全书保留这个词以及与这个词相关联的词，不做翻译。——编者注

我们回到小屋生起了壁炉里的火。经过漫长的徒步，大家都有些疲倦，我们穿着宽大的毛衣、厚实的羊毛袜，呈半圆形围坐在壁炉周围，困意袭来，睡眼惺忪。此时一片寂静，周遭唯一能听到的便是火炉上的炖牛肉发出的咕嘟声，壁炉里的柴火发出的噼啪声，以及有人啜饮香料热红酒[①]的声音。

直到我的一个朋友打破这种沉寂。

“还有比这更HYGGE的吗？”他用一种毋庸置疑的语气问道。

“嗯，”过了一会儿一个姑娘说，“如果此时外面风雨交加，天气再恶劣一点……”

我们纷纷点头。

① 香料热红酒：mulledwine，即加香料的热葡萄酒，欧美国家圣诞期间的应季饮品。——编者注

幸福的秘诀

我拥有世界上最好的工作——在“幸福研究所”，研究什么能让人幸福。这是一个致力于研究福祉、幸福感和生活质量的民间智库，我们探寻让人类幸福的原因，力图提升全世界人民的生活质量。

我们的总部设在丹麦，是的，我们确实从周一到周五都在办公室点蜡烛。我们选择办公地点的部分原因是HYGGE，虽然这里目前还没有壁炉。我们把总部建在丹麦，还因为这个国家连续多年在世界上最幸福的国家评选中榜上有名。

毫无疑问，丹麦是一个完美的乌托邦，当然这个国家也跟其他国家一样面临一些挑战和问题，但我始终相信，当其他国家在思考如何提升其国民生活质量时，丹麦会是它们的灵感来源。

作为世界上最幸福的国家之一，丹麦引起了很多媒体的兴趣。每周我都会被诸如《纽约时报》、英国广播公司（BBC）、《卫报》、《中国日报》和《华盛顿时报》等媒体记者提各种问题，比如“为什么丹麦人那么幸福”“说到幸福，我们可以向丹麦人学些什么”等等。另外还有来自世界各地的市长团、研究学者、政策制定者们，他们频繁造访“幸福研究所”，试图探寻幸福之源，想要弄清楚丹麦人为何幸福感如此之强烈、生活质量如此之高。对很多人来说，丹麦人在极其糟糕的天气以及几乎承担了全球最高税率的情况下，还能如此幸福，简直就是一个难解之谜。

有趣的是，丹麦的国家福利制度得到了国民的广泛支持。因为丹麦人认识到，这种福利体系将积累的财富转化为了福祉。我们不是在缴税，而是在投资社会。我们在购买高质量的生活。理解丹麦高质量幸福生活的关键是认识到福利体系有能力减轻国民的不安全感、不确定性和焦虑，并能够预防极端不幸福的情况。

最近，我意识到也许在丹麦的幸福秘诀里还有一个被忽视的要素，那就是HYGGE。HYGGE这个词源自挪威语中的“福祉”。在1814年挪威独立以前的500年，丹麦与挪威一直都同属一个国家。HYGGE在18世纪早期第一次出现在丹麦的书面语里，所以说HYGGE和“福祉”或“幸福”之间的联系并非巧合。

根据欧洲社会调查结果显示，在欧洲，感到最幸福的是丹麦人，他们也是最常与朋友和家人相聚，最宁静最平和的。而这就是为什么人们对HYGGE越来越感兴趣的原因了。记者们从丹麦的旅行中寻找HYGGE；在英国，一个大学开设课程，教丹麦HYGGE；在全世界各个城市，HYGGE的面包店、商店和咖啡厅不断涌现。但是你如何创造HYGGE？HYGGE和幸福之间有着怎样的联系？还有，究竟什么才是HYGGE？这本书将带你寻找诸如这些问题的答案。

第一章

要有光

瞬间HYGGE：蜡烛

HYGGE的秘方中绝对少不了蜡烛。当丹麦人被问到是什么最能让他们感觉到HYGGE的时候，超过85%的人都提到了蜡烛。

丹麦语里面有个词叫*lyseslukker*，是指“扫兴的人”，这个词的字面意思是“吹灭蜡烛的人”，此中大有深意。想要HYGGE，再没有比点燃蜡烛更快的方式了，就像丹麦语中所说的*levende lys*，这个词的字面意思是“燃烧的光”。

驻丹麦的美国大使鲁弗斯·吉福德（Rufus Gifford）曾提到过丹麦人对蜡烛的热爱：“蜡烛不只出现在客厅，而是随处可见。在教室里，在棋牌室里，在许许多多地方，都能看到蜡烛。作为美国人，可能第一时间会想到‘火灾隐患！教室里怎么能有明火？’而在丹麦，蜡烛只会让人想到幸福和温馨。”

美国大使说出了重点，根据欧洲蜡烛协会的数据，丹麦人均燃烧的蜡烛超过欧洲其他所有地方。每年丹麦人均燃烧大约6千克的蜡烛，破了欧洲的纪录。按丹麦每年人均消费3千克培根（“人均消费培根”在丹麦是一个标准度量）来换算一下，丹麦燃烧的蜡烛几乎达到每人每年3.16千克，是排名第二的澳大利亚的两倍。不过，香薰蜡烛在此地并不太受欢迎。事实上，丹麦最古老的蜡烛制造商Asp-Holmblad的产品线中甚至都没有香薰蜡烛。

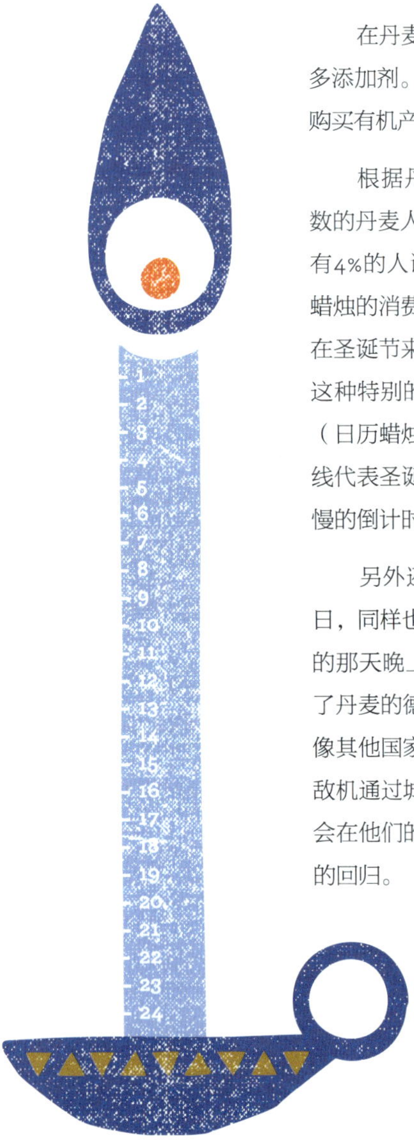

在丹麦人眼中，香薰蜡烛不够天然，有太多添加剂。他们更喜欢天然和有机的产品。在购买有机产品方面，丹麦人也位居前列。

根据丹麦一个主流媒体的报道，超过半数的丹麦人在秋冬季节几乎每天都点蜡烛，只有4%的人说他们从来不点蜡烛。到了12月，蜡烛的消费量飙升到平时的三倍之多，也只有在圣诞节来临前的这些特殊时日，你才能见到这种特别的蜡烛被点燃，也就是*kalenderlys*（日历蜡烛）。蜡烛上画着二十四条线，每条线代表圣诞节前的每一天，大概这是世界上最慢的倒计时钟了。

另外还有一个特别的蜡烛节日，在5月4日，同样也叫*lysfest*，或称燃灯会。在1945年的那天晚上，BBC报道，自1940年起就占领了丹麦的德国军队投降了。在“二战”期间，像其他国家一样，丹麦被迫要求停电，以防止敌机通过城市的灯光导航。如今，丹麦人仍然会在他们的窗口放置蜡烛来庆祝那天晚上灯光的回归。

不管它有多*hyggelige*（HYGGE的形容词），蜡烛都有一个很大的弊端：烟。研究表明，点燃一支蜡烛在空气中产生的微粒子比一条繁忙的街道更严重。由丹麦建筑研究院所做的一项研究表明，蜡烛燃烧在室内产生的颗粒比香烟或做饭都多。尽管丹麦是一个高度管制的国家，我们也没有在蜡烛上看到任何警告的标签。没有人能阻止人们对HYGGE的狂热。现在越来越多的丹麦人意识到在燃烧蜡烛后要给房间通风换气。不过，尽管对健康有影响，丹麦人仍继续毫无节制地消费着蜡烛。

丹麦人点燃蜡烛的频次?

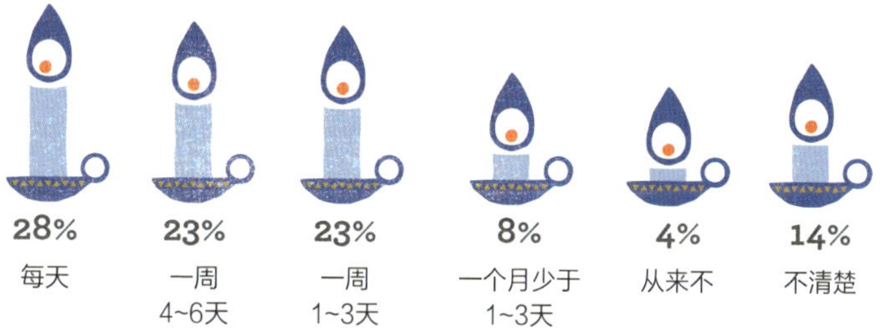

一次点燃几支蜡烛?

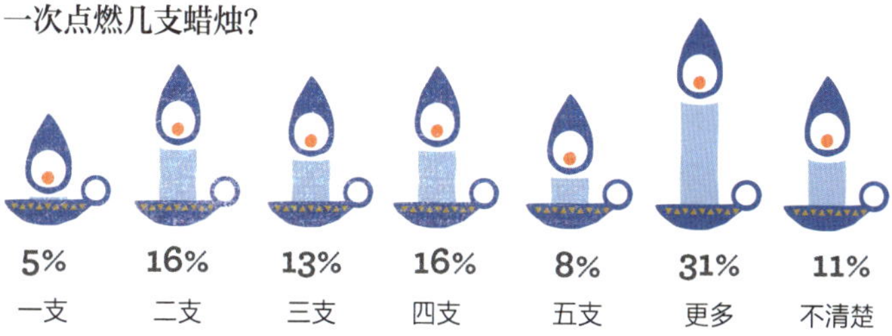

灯具

并不是只有蜡烛才能照明。丹麦人对灯具有着深深的迷恋。有一次我和当时的女友在罗马走了两个小时，只为寻找一家有HYGGE灯光的餐厅。

丹麦人选择灯具的时候十分慎重，极力营造最舒适的灯光氛围。这是一种艺术形式，一种科学，也是一项产业。世界上那些设计得最美的灯具就来自丹麦设计的黄金时代，比如保罗·汉宁森（Poul Henningsen）、阿耐·雅各布森（Arne Jacobsen）和维尔纳·潘顿（Verner Panton）设计的一些灯具。哪怕你走进一个生活拮据的穷学生的家，你也许都能在她32平米小公寓的角落里，碰见价值1000欧元的维尔纳·潘顿灯具。

根据光学法则，温度越低的灯，越HYGGE。相机的闪光灯大约是5500K（开尔文[1]），荧光灯管是5000K，白炽灯是3000K，木材、蜡烛的火焰约为1800K，而那就是HYGGE最美好的点。

---

① 开尔文：热力学温标或称绝对温标，是国际单位制中的温度单位。开尔文温度常用符号K表示，其单位为开。每变化1K相当于变化1℃，计算起点不同。——编者注

要想看到最类似吸血鬼被阳光烧伤的场景①，那就邀请一群丹麦人赴你的HYGGE晚餐吧，把他们安排在一个5000K的荧光灯下。首先，他们会眯着眼试图研究你装在天花板上的那折磨人的玩意儿。然后，当晚餐开始，他们会极不舒服地在椅子上扭动，手足无措，失魂落魄。

丹麦人对于照明的迷恋缘于从十月份到次年五月份光照的匮乏。在这段漫长的时光，丹麦拥有的最独特的自然资源就是黑暗。丹麦的夏天非常美，当夏天第一缕阳光照耀到这个国家的时候，丹麦人会突然从冬眠中醒来，去四处寻找有阳光的地方。我爱极了丹麦的夏天，那是长久黑暗后的光明。冬天又黑又冷，夏天极其短暂，比这更糟糕的是，丹麦每年还有179天都在下雨。如果你是《权力的游戏》的粉丝，联想一下临冬城②的景色吧。

正是因为这样特殊的自然环境和气候条件，HYGGE对丹麦人极为重要，它被视为丹麦的民族特征，丹麦独有的文化。HYGGE是寒冷冬天和阴湿雨天的解药，是冰冷黑暗中的光亮与温暖。HYGGE在平常也许不足为奇，但到了冬天，它就变成了一种必需品，一种生存的手段。在丹麦，HYGGE是值得经常拿出来讨论的话题。

在哥本哈根的公寓，有一个我最喜欢的角落，那就是厨房用餐区的窗台。它有足够的空间让你舒服地坐进去，我还在上面放置了枕头和毛毯，让它变得更加*hyggekrog*（见42页的HYGGE词典）。窗台

① 传说中，吸血鬼是不能见到阳光的，他们会非常恐惧，怕带来严重后果。——编者注

② 临冬城：英文名Winterfell，是乔治·马丁的长篇奇幻小说《冰与火之歌》中虚构的一个显赫家族史塔克家族的城堡，族徽是白色雪原上银灰色的一只冰原奔狼，族语为“凛冬将至”。——编者注

下的暖气让其成为在寒冷冬夜里可以坐下来享受一杯热咖啡的完美之所。从窗户望出去，院子对面每一座公寓都流淌出温暖的、琥珀色的灯光。那灯光随着人们离家或者回家而不断变化。

如此奇妙的人间美景，应归功于保罗·汉宁森。在丹麦，任何一个有着柔美光线的房间里，都极可能有一盏在丹麦家喻户晓（如保罗一般）的建筑师或者设计师设计的灯。

保罗之于灯具的意义就如爱迪生之于灯泡。保罗和今天大多数丹麦人一样，痴迷于灯光。有人把他称为世界上第一个照明建筑师，是因为他穷尽毕生之力探索光对我们幸福的重要性，他的梦想是发明一款灯具，能散发出让人们聚精会神地看却完全不会产生眩晕的光。

> 照亮一个房间并不需要花太多钱，但是想获得有质感的照明，却需要文化。我从18岁开始研究灯具，一直在探求如何提升照明的质感和设计感。人类就像孩子一样，喜欢新鲜刺激的玩具，而灯，就是有文化的玩具，令人迷醉。
>
> 当你在傍晚时分，从电车顶往上，望向路边一幢幢楼的一扇扇窗，你会因那些黯淡的灯光感到不寒而栗。再奢华的家具，再有风格的地毯，都没有灯光营造出的气氛重要。
>
> **保罗·汉宁森**（1894—1967），《关于灯光》

三款丹麦标志性灯具

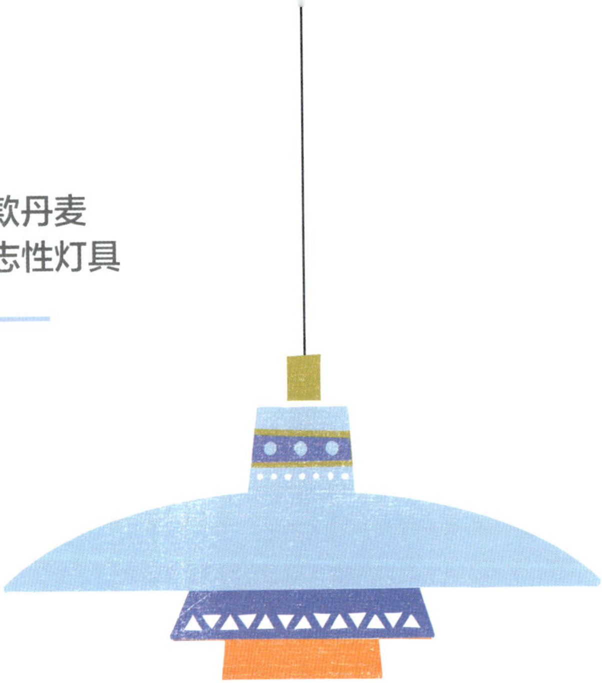

1 PH灯

在阁楼研究灯光和照明十年后，汉宁森①于1925年发布了第一款PH灯，这款灯通过使用一系列分层的灯罩分散光源并隐藏了灯泡，无论从任何角度都看不到直射光源，避免眩光刺激眼睛，营造出更柔和均匀的照明效果，并有效消除一般灯具所带来的阴影；此外，他对白炽灯光谱也进行了有益补充，以获得更适宜的光色；而在灯罩边沿的亮度也被减弱，允许部分光线溢出，以防止灯具与黑暗背景形成过大反差，使眼睛不适。

① 汉宁森：他最成功的灯具设计莫过于在1958年发布的有着金属灯罩的PH5灯了。如今PH灯已经有超过一千种不同的设计生产问世，其中很多灯具都不再生产，最稀有的灯甚至已拍卖到两万欧元以上的价格。

2 克林特照明灯（LE KLINT）

1943年，克林特家族开始生产具有折叠褶皱的灯罩，它是由丹麦建筑师P. V. 詹森·克林特（Peder Vilhelm Jensen-Klint）40年前为了自己使用方便而设计的，因为他当时设计了一个石油灯，需要灯罩，但无法在市场上找到现成的，于是自己开始改造。没想到后来成为家族生意，克林特家族的儿女们将其不断创新，发扬光大。

3 潘纳尔VP球形灯

这是一款吊灯，它能从中心边缘投射出柔和而有层次的漫射光，是维尔纳·潘顿于1969年设计的，这个丹麦设计顽童喜欢用现代材料如塑料和钢材设计产品。潘顿曾在丹麦皇家建筑学院美术学院学习设计和设计保护专业，这是一所顶级的建筑学校，如今成立了专门的“灯光实验室”，主要研究日光和人工照明。

比photoshop[1]效果还好

有一个行业的人可能跟丹麦人一样迷恋照明，那就是摄影师。“摄影”意味着用光来创作，通过这样的方式增加你对光的理解以及你认识和欣赏它的能力。

这也是我喜欢摄影的原因，十年来我拍了成千上万张照片，其中最爱的光便是“黄金一小时”。那是日出之后的一小时和日落之前的一小时。当太阳处于低空的时候，阳光必须穿过更深的大气层，此时它会产生一种恰到好处的温暖而柔软的散射光。有时我们也叫它魔法一小时，我甚至觉得我爱上了所有在那个时间段里，那二百五十分之一秒里出现在我镜头中的女人。这就是那种你想在室内营造HYGGE的柔和光线。这美妙的光线让普通的景物都展现出质感，画面变得更加立体，胜过任何Instagram[2]滤镜。

小贴士：如何营造HYGGE照明

你猜对了。只要拿出蜡烛就好了。但是记住，用后一定要给房间通风换气。

当然，灯也是很好的选择。在房间不同地方放置几盏小灯，要比在天花板上悬挂一个巨大的吊灯更能营造HYGGE的灯光氛围。你可以在房间的合适角落设计一些别致的灯带。

---

① photoshop，简称ps，是一种图像处理软件。——编者注

② Instagram:一款支持ios、Windows Phone、Android平台的移动应用，允许用户在任何环境下抓拍自己的生活记忆，选择图片的滤镜样式，一键分享至各大社交平台。——编者注

第二章

我们来好好谈谈 HYGGE

图雷特综合征[①]

人们用很多词来形容丹麦语，但从不说它美。当你在谷歌上搜索“丹麦语听起来像……”，通常会出现的前两个词条是“德语”和“土豆”。对于外国人来说，丹麦语听起来就像是嘴里含着热土豆说德语。

有些人甚至说丹麦语听起来像患病的海豹卡住了喉咙。不过当描述HYGGE时，丹麦语就显得极其丰富了。

HYGGE这个词可以是动词，也可以是形容词——如某件物品很“*hyggelig*（*t*）”（类似HYGGE那样），多么*hyggelig*的客厅，和你的见面很*hyggeligt*，祝你度过一段*hyggelig*的时光。

丹麦人随时随地都在使用HYGGE和*hyggelig*这两个词，在外国人看来，好像患上了图雷特综合征。他们会反复强调，一切都是那么的*hyggelig*，周五的聚会将会是多么的*hyggeligt*，周一他们还要相互提醒，上周五的聚会如此*hyggeligt*，令人难忘。

① 图雷特（Tourette）综合征：是指频繁的运动性抽动和声带抽动，症状只出现在白天，且持续一年以上。——编者注

HYGGE
HOO
GA

每隔几周我就同一群朋友相聚打扑克牌。这是一个由墨西哥、美国、土耳其、法国、英国、印度和丹麦人组成的国际群。这些年来，我们已经聊过了各种各样的话题，从女人的口红到炮弹的射程，包罗万象。由于大家来自不同国家，我们之间的谈话基本上都是用英语。不过，在席间总有一个丹麦词被我们频繁使用。嗯，你猜对了。这个词一般会在墨西哥的丹尼输牌之后出现：“无所谓，我来这儿只是为了HYGGE。”

HYGGE不仅仅是社交活动的关键词，也是咖啡厅和餐厅特别的卖点。用丹麦语搜索“美丽的餐厅”，谷歌会跳出7000项匹配的选项。搜索“品质餐厅”你将得到9600个选项，“便宜的餐厅”有30 600个选项。而搜索*hyggelig*餐厅，你能看到88 900个选项。就

HYGGE可以翻译成其他语言吗?

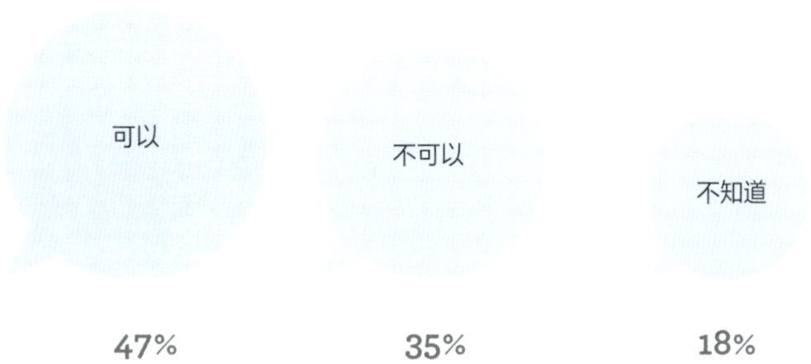

如《孤独星球》[1]（*Lonely Planet*）指出的那样："丹麦人极其迷恋舒适。所有丹麦人都是。甚至连最粗犷的皮衣机车党都会给你推荐一家有着HYGGE氛围的酒吧。"

这也许意味着你在营销课上学到的一切都是错的。价格、产品、位置和推广方式都不重要。所有一切只与HYGGE有关。我住在哥本哈根，周边有无数咖啡厅，但是我公寓对面只有一家。他们的咖啡味道实在令人作呕，散发出一种鱼腥味（是的，我也非常震惊），并且一杯咖啡竟然要5欧元。不过有时候我还是会去，因为咖啡厅有一个开放式壁炉——很HYGGE。

HYGGE主要是在丹麦实践吗?

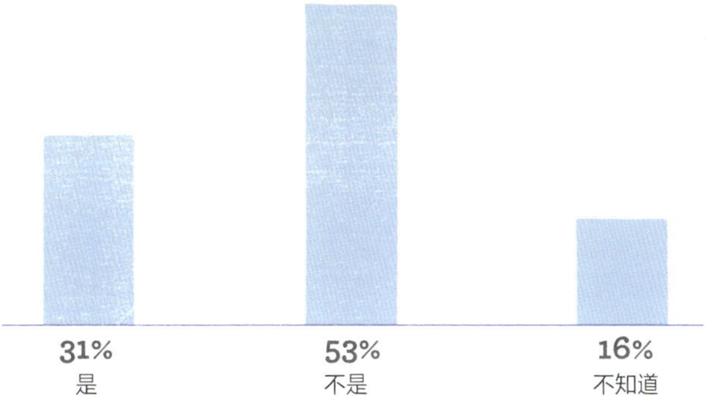

资料来源：幸福研究所

①《孤独星球》：世界最大的私人旅行指南出版商，由托尼·惠勒和莫琳·惠勒1972年在澳大利亚维多利亚州墨尔本西郊的富兹克雷区创立。——编者注

在丹麦，壁炉并不算特别。同样，蜡烛、温馨有情调的办公室或是在暴风雨的晚上裹着毛毯喝咖啡，也并非丹麦人的专享。不过，丹麦人坚持认为HYGGE是独一无二的丹麦语。有三分之一的人拒绝相信HYGGE可以翻译为其他语言，并且认为丹麦才是主要实践HYGGE的国家。

我不赞同这种说法。丹麦并不是唯一享有HYGGE或者可以定义它的国家，其他国家也有相似的说法。荷兰人说*gezelligheid*，形容和所爱之人在一起的温暖的感觉；德国人说*gemütlichkeit*，指在美食和朋友陪伴下的一种幸福感；加拿大人说*hominess*，形容舒适亲切的。不过，虽然其他语言中也有跟丹麦语HYGGE相似的形容词，但是似乎只有丹麦语还把HYGGE作动词用。“今晚你何不过来跟我们一起HYGGE呢？”也许这才是其特别之处。

关于HYGGE的独一无二之处，还有要特别说明的一点，那就是我们提到它的频次太高，关注太多，并且把它作为我们的身份和标签，是我们民族基因中的重要元素。HYGGE之于丹麦人就是自由之于美国人、严谨之于德国人、不苟言笑之于英国人。

由于HYGGE在丹麦文化中的重要性，在谈到它时，丹麦语就非常丰富了。

丹麦语有无数多的组合词，比如，*speciallægepraksisplanlægningsstabiliseringsperiode*（speciality-doctor-practice-planning-stabilizing-period，专科诊所创建期商业策划）就真的只是一个单词。这个词有51个字母，若是你把这个词用在Scrabble①填字游戏中，

① Scrabble：西方流行的文字图版游戏，在一块15×15方格的图版上，两至四名参加者拼出词汇而得分。词汇以填字游戏的方式横竖列出，并必须收录在普通词典里。——译者注

将无往不利。

在丹麦语里，基本上你可以在任何词的前后加上HYGGE：他是一个*hyggespreder*（某个传播HYGGE的人）， 星期五晚上是为*familiehygge*（家庭的HYGGE）准备的，袜子可以贴上*hyggesokker*（HYGGE袜子）的标签。在幸福研究所里，我们还真的悬挂着一个标牌：

> 如果你觉得脚冷，
> 欢迎来借羊毛*hyggesokker*。

名字代表什么？

莎士比亚在《罗密欧与朱丽叶》里有句名言，“名字代表什么？我们所称的玫瑰，换个名字还是一样芳香”，这句名言表达的意思同样适用于HYGGE。

在火炉前喝着香料热红酒，享受舒适自在的氛围以及与自己喜欢的人相伴的美好感觉，这并不是丹麦人独有的，全世界的人都有机会感受到。

把HYGGE翻译为舒服也许并不十分确切，因为还缺少一些重要的元素，在这个世界上我们应该可以找到更多与HYGGE意思更为接近的词。

Gezelligheid——荷兰

字典告诉我们*gezelligheid*是一个很抽象的名词，形容一种古朴的、安逸的、友好的、温暖的事物，可被认作是一种美好的氛围、一个友好的社区或者一种满足感。但是对于荷兰人来说，*gezelligheid*的含义远不止于此。

如果你想要简单迅速地获得荷兰人的好感，可以仿照奥巴马在2014年访问荷兰时所说："听说在荷兰语中有一个能抓住荷兰精神的词，这个词无法在英文中准确地翻译出来，但是请让我说一句，我对荷兰的第一次访问真的非常*gezellig*。”

荷兰人试图以各种不同的方式运用*gezellig*这个词：在一个*gezellig*的咖啡厅喝咖啡（解读：温暖的室内，有火光跳跃的蜡烛和一只睡觉的猫）。在风雨中寻找避雨之所，走进一间只卖老式啤酒和只放老唱片的*gezellig*酒吧。坐在一个冷冰冰的接待室，等待你约好的牙医，这种感觉可绝不*gezellig*，除非有一个非常*gezellig*的朋友相伴。

怎么样，你开始意识到*gezelligheid*和HYGGE之间的相似之处了吗?

虽然这两个词非常接近，但是它们的含义并不完全一致，通常*gezelligheid*被认为比HYGGE更多一点社交意味。为了证明是否如此，我们针对荷兰人做了一个小调查，结果似乎支持了这一理论。

大多数的指标都显示丹麦人经历的HYGGE跟荷兰人体验的*gezelligheid*是一致的。这个理念在两个国家的文化中都很重要，烛光、壁炉和圣诞节是HYGGE和*gezelligheid*的核心元素。不过，关于*gezelligheid*比HYGGE有更偏外向的论点，同样也从我们搜集的数据当中得到了佐证。

大多数荷兰人（57%）认为在家以外的地方你能够得到最*gezelligheid*的体验，相应地，只有27%的丹麦人觉得出门在外才最*hyggeligt*。还有62%的荷兰人赞同夏天是一年中最*gezellig*的季节，但丹麦人却更喜欢秋天的HYGGE。

KOSELIG——挪威

对于挪威人来说，一切理想的样子都应该是*koselig*。但是同样地，不要把这个词误解为舒适（挪威人说）。

*koselig*比任何词都更能表达一种温暖、亲密和相聚的感觉。一个完美的koselig夜晚应当有美食在桌，温暖的色彩伴你左右，有一群好朋友和一个壁炉，或者至少有一些点燃的蜡烛。

HOMINESS ——加拿大

加拿大人用*hominess*这个词来形容把外面的世界抛诸脑后的状态，并且隐喻一种社群般的归属感。*hominess*还指代那些像家的东西和家的感觉，因此它同时具有物质和精神两种层面的意义。如果某种事物能给你带来安全感和庇护感，让你忘掉一切烦恼，那么它就是*homey*。正如HYGGE一样，*hominess*传达了一种可靠、温暖的家一样的感觉。

Gemütlichkeit ——德国

德国人用*gemütlichkeit*来形容温暖、友好和归属感，并且会用它来描述一个花园啤酒屋。当你去参加德国啤酒节的时候，很可能会听到这首歌，“*Ein Prost der Gemütlichkeit*”（“为惬意干杯”）。

哪个季节最*hyggelig/gezellig*？

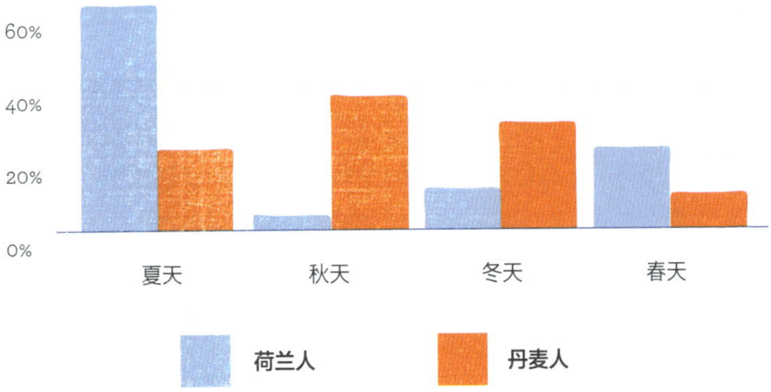

HYGGE属于每个人

以上这些概念充分表明，不仅丹麦人可以感受HYGGE，世界上的任何人都能感受。这些概念并不完全一致，但是它们都展示了一种比舒适、温暖、归属感更深层次更复杂的体验。

在这里，丹麦的HYGGE和荷兰的*gezelligheid*也许有点与众不同，因为它们已经全面融入人们的日常对话和生活方式中。也许会有人问这能带来什么好处吗？要回答这个问题并非易事。根据《欧洲社会调查》得出的结论，在那些很少享受生活和几乎感受不到平静与放松的人中，丹麦人和荷兰人占比最少。

那么，名字能代表什么？一方面一个特定的名字本身并没有任何价值——HYGGE的功能与*hominess*或者*gezelligheid*是一样的；另一方面我们用名字去捕捉舒适、温暖和归属感，把它打造成更为确定的概念，最终我们把它发展成为具有独特文化特征的现象。

为什么任何语言都有独一无二的词汇？

一个芬兰人和外国人在芬兰的森林里漫步。

芬兰人：“你背后有一个*tokka*！”

外国人：“一个什么？”

芬兰人：“*tokka*！”

这应该是芬兰的一个笑话。*tokka*是芬兰语，意指“一大群驯鹿”。在大多数语言里，用一个特定的词来表示一大群驯鹿，并与单个驯鹿这个单词相对应，似乎有点讲不通，但是对于芬兰人来说，显然是可以理解的。

语言反映了我们的世界。我们给我们所见到的、觉得重要的事物取名字，这并不新鲜。在1880年，一个叫法兰兹·鲍亚士的人类学家正在学习生活在加拿大北部的因纽特人的因纽特语，注意到他们使用的词汇有些细微的差别，比如*aqilokoq*指“温柔的飘雪”，而*piegnartoq*则指那种“适合滑雪橇的厚厚积雪”。

根据这些发现，沃尔夫假说[①]指出，各种文化的语言能反映出人们是如何体验他们所生存的世界的。如果我们没有一个词来表达爱，我们还能感受到它吗？当然可以。但是如果没有一个词来表达婚姻，这

① 沃尔夫假说：Sapir-Whorf hypothesis，又称为语言相对论，是关于语言、文化和思维三者关系的重要理论，即在不同文化下，不同语言所具有的结构、意义和使用等方面的差异，在很大程度上影响了使用者的思维方式。——编者注

个世界会是怎样？词汇和语言表达了我们对未来的希望和梦想，这些希望和梦想造就了我们今天的行为。

用词语区分新落的雪和旧的积雪，这改变了因纽特人的行为方式，而欧洲人也很可能以同样的方式区别不同形态的雪。

我们为什么要创造出这些独特而无法翻译的词汇呢？有一种观点认为，我们是将这些词汇作为独特文化、特定传统和行为模式的一部分。我们需要这些词汇。有些词很容易翻译，尤其是那些有形的、可见的东西。我们可以指着一只狗说*dog*（英文）、*perro*（危地马拉文）或者*hund*（丹麦语）。狗就是狗，不管是在英国、危地马拉还是丹麦。

与此同时，世界上也有无数“无法翻译”的词，这些词中有一些相对容易定义，比如，“一群驯鹿”。但是当这个词表达的是无形的概念，它就变得更加复杂也更难解释和翻译了。这也是我作为幸福研究者时常要面对的一个问题。HYGGE作为一个无形概念也面临同样的情况，因此我想通过这本书，试着梳理出那些让人感觉HYGGE的事物、经历和瞬间，让你能明白究竟什么才是HYGGE。

全球十个难以翻译的专有词汇

IKTSUARPOK

（因纽特语）一种期盼的感觉，让你情不自禁望向窗外，看你等待的人是否到来。

FRIOLERO

（西班牙语）对寒冷天气非常敏感的人。

CAFUNÉ

（巴西葡萄牙语）手指温柔地穿过所爱之人的头发。

HANYAUKU

（纳米比亚班图语）光着脚在炙热的沙滩上行走。

BUSAT

（萨米语 / 斯堪的那维亚北站）一种只有一个巨大睾丸的公驯鹿。

UTEPILS

（挪威语）阳光灿烂的日子坐在外面享受一杯啤酒。

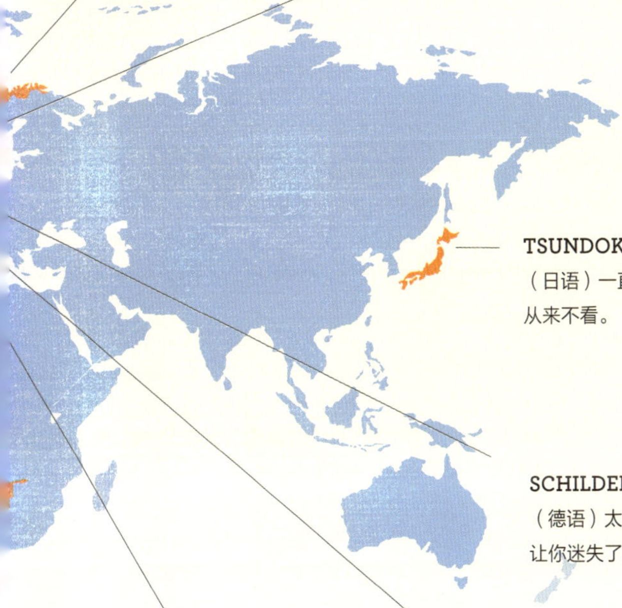

TSUNDOKO

（日语）一直买书，买回来却从来不看。

SCHILDERWALD

（德语）太多路标的街道反而让你迷失了方向。

RIRE DANS SA BARBE

（法语）一边笑一边想着以前发生的事。

GATTARA

（意大利语）与流浪猫为伴的孤独的老妇人。

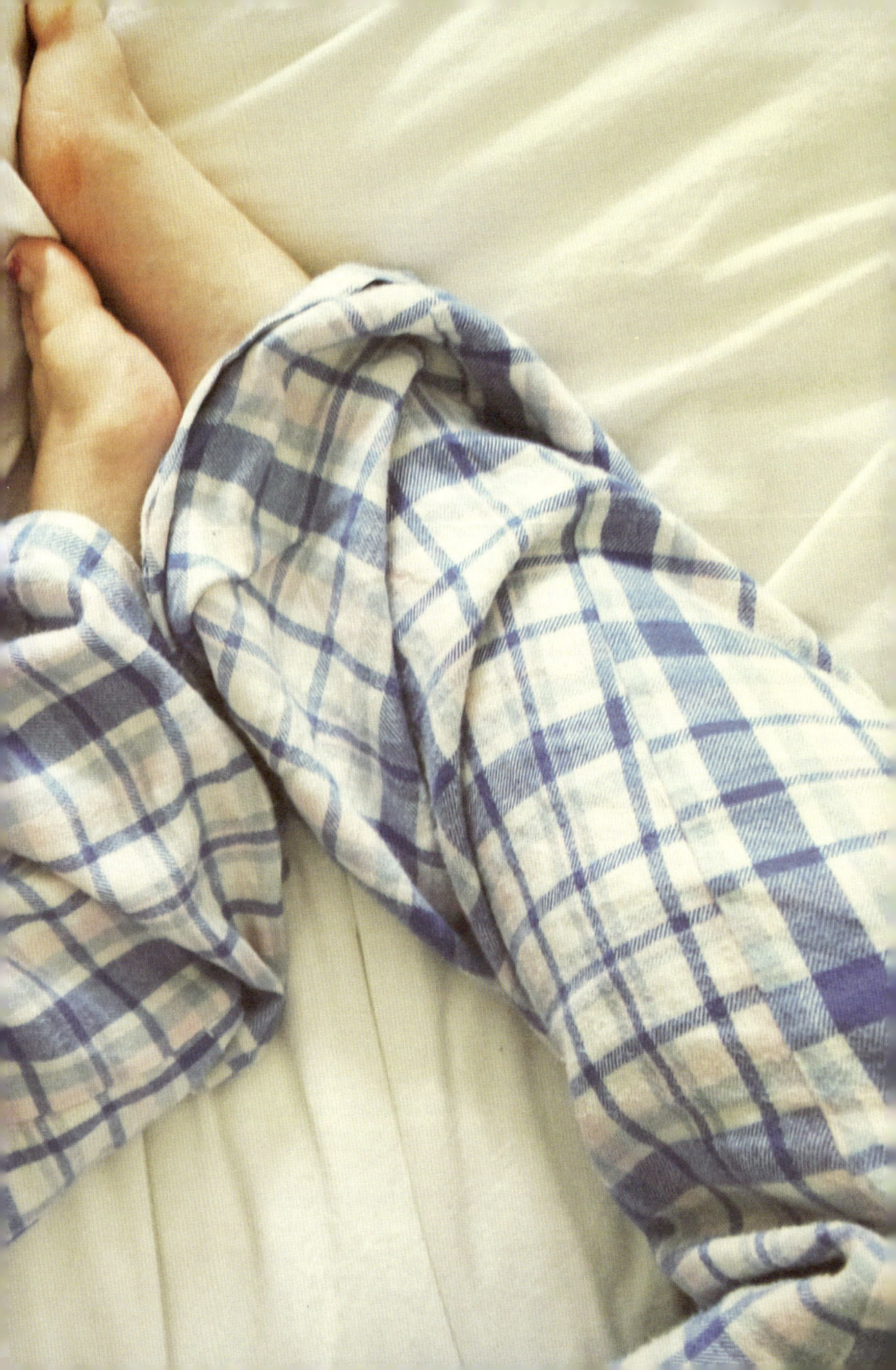

HYGGE词典

我们的语言主导了我们的行为方式。这里有一些新的词汇可以帮助你HYGGE起来。

Fredagshygge/søndagshygge [*Fredashooga/Sundashooga*]

周五HYGGE或者周日HYGGE。漫长的一周过去，fredagshygge通常指一家人蜷缩在沙发上看电视。

søndagshygge指在咖啡、书、音乐、毛毯的陪伴中度过缓慢悠长的一天，如果你想要全套的话，那就偶尔出门散散步吧。

> “我家周五HYGGE的传统就是吃着糖果看迪士尼的节目。”

Hyggebukser [*hoogabucksr*]

那条你从来不会在公众场合穿的裤子，由于它实在是太舒服了，很可能成为你的私下最爱。

> “她只是需要独自待一天，所以她穿着她的hyggebukser，素面朝天地在家看了一天的电视。”

Hyggehjørnet [*hoogajornet*]

沉浸在HYGGE的情绪里。字面意思：“HYGGE的角落”。

> “我现在很hyggehjørnet。”

Hyggekrog [*hoogacrow*]

厨房或客厅里某个可以坐下来享受*hyggelig*时光的角落。

> “让我们坐在hyggekrog。”

Hyggeonkel [*hoogaunkel*]

喜欢和孩子一起玩并且有点过于仁慈的人。字面意思："一个很HYGGE的叔叔"。

> "他真的是一个非常hyggeonkel的人。"

Hyggesnak [*hoogasnak*]

谈天说地或是观点完全一致的温馨谈话。

> "我们hyggesnakkede了几个小时。"

Hyggestund [*hoogastun*]

HYGGE时刻。

> "他给自己倒了一杯咖啡，坐在窗台上享受那hyggestund。"

Uhyggeligt [*uh-hoogalit*]

也许HYGGE和*hyggelig*很难被翻译为英文，但是其反义词就不是这样了。uhyggeligt（un-hygge）意思是诡异或者惊恐，而这也让我们更深刻地理解了安全感在HYGGE中的重要性。

> "如果夜晚在丛林里独自行走时听到狼嚎会很uhyggeligt。"

就如我前面提到的那个朋友在瑞典的小屋里指出的那样，如果那天晚上外面风雨交加，将会让人更加感受到室内的HYGGE。如果同时伴随着一些惊恐的事——暴风雨肆虐、电闪雷鸣或者一场恐怖电影，那么你对HYGGE的体验将更深。

HYGGE是怎么来的？

在19世纪80年代早期，HYGGE第一次出现在丹麦的书面语里，但是它其实源自挪威语。

在1397年到1814年期间，丹麦和挪威是一个国家，因此直至现在，丹麦人和挪威人还能互相听懂对方的语言。

挪威语中HYGGE的原意其实是福祉。不过，HYGGE也许源自hug这个词。hug来源于1560年的单词*hugge*，意思是“拥抱”。*Hugge*源自何处已经无从考证——也许是来自古老斯堪的纳维亚语中的*hygga*，它的意思是“安慰”，也可能是*hugr*，意为“心情”。

以此类推，这个词又来自日耳曼语的hugjan，它涉及到古英语中的一个单词hycgan，意思是“思考，关心”。有趣的是，“关心”“心情”“舒适”“拥抱”和“幸福”都可以用来描述今天hygge的部分含义。

小贴士：丹麦语速成

把这些HYGGE相关的词语抛出来吧。邀请你的朋友来一起度过一个HYGGE的夜晚，像再也没有明天那样地创造各种HYGGE的复合词，尽情体会它们的美好。也许你还可以把HYGGE宣言贴到你的冰箱上，好提醒你每天都要HYGGE。

关于HYGGE的全球讨论

HYGGE最近似乎是一个非常热的话题。

“HYGGE：来自丹麦的暖心一课”（BBC的报道），“温馨起来：为什么我们都应当拥抱丹麦的HYGGE艺术”（《每日邮报》），英国的莫利学院甚至已经在教学生“如何HYGGE”了。洛杉矶的Hygge Bakery（HYGGE面包坊）提供一种丹麦*romkugler[rum-cool-r]*，就是一种朗姆酒味的巧克力点心，最早是丹麦的面包师为了把剩下的糕点用完而制作的。在《丹麦的育儿之道》一书中，你可以找到大量的章节写丹麦父母是如何以HYGGE这种方式养育出世界上最快乐的孩子的。

HYGGE关键词

1. 氛围

请关上灯。

2. 静心

体会当下，关掉手机。

3. 愉悦

咖啡、巧克力、饼干、蛋糕、糖。
拿来！拿来！拿来！

4. 平等

多关注“我们”，而不只是“我”。一起分享工作中的苦乐和电视时间。

5. 感恩

全身心去享受此时此刻。
这可能是一生中最美好的时刻。

6. 平和

这不是一场比赛。
我们已经很喜欢你了，没有必要
吹嘘你的成就。

7. 舒服

放轻松。
休息一下，一切都是为了放松。

8. 休战

避免与他人起冲突。
我们可以改天再谈政治。

9. 归属

建立关系，记住属于我们的故事，
“你还记得那时候，我们……吗？”

10. 安全感

我们都是同类。
这是一个和平与安全的所在。

第三章

归属感

就像没有触碰的拥抱

每年，我和朋友都会去阿尔卑斯山滑雪（上次甚至有人打包带了蜡烛）。我们都很享受速度带来的刺激和接近漂浮的感觉，但是对我来说，那天最美好的时刻却是我们回到小屋后的那一个小时。

你的脚很痛，你的身体由于刚刚做完剧烈运动，非常疲劳，你在阳台的椅子上坐下来，有人斟上一杯金万利酒[①]，有人帮你冲了热咖啡。更多的人来到阳台，你还穿着你的滑雪服，太累了不想换，也懒得说话，大脑只想完全放空，安静地享受彼此的陪伴，就这么默默地看着这周遭的美景，呼吸着山间的空气。

我在讲幸福研究的课程时，会让听众闭上眼睛，让他们回想最近一次真心觉得幸福的时刻。一开始人们会觉得很难，我肯定地告诉他们，我不会让他们把回忆拿出来与课堂上的其他人分享。

很快，幸福的微笑绽放在听众的脸上，照亮了教室。这个时候，我问，有谁愿意讲讲，是否有什么重要的人出现在你刚才的回忆中呢？十之八九的人都举起了手。

通过这个实验，我想告诉他们：社会关系是影响幸福感的最主要因素。当我在查找为什么一些人比其他人更快乐的原因时，我发现这些人大多具有和谐美好的社会关系。

---

① 金万利酒：Grand Marnier，一种以法国白兰地为基酒的酒。——译者注

那么，我们该如何投入社会，重新构建生活，让我们的社会关系得以良性发展。答案是，保持工作与生活的平衡。而每每提到此事，很多人就会充满羡慕和嫉妒地说："上周看到丹麦人荣登联合国首届世界幸福报告，一点儿都不惊讶。"在凯西·斯特朗曼（Cathy Strongman）与她的丈夫和他们的孩子从伦敦的芬斯伯里公园搬到哥本哈根的三年前，她就曾在《卫报》的一篇文章里写道：

在这里，我们的生活品质迅速得到提升，而我们曾经对伦敦无比坚定的热爱，已经被对丹麦不可思议的迷恋取代了。

最大的变化是工作与生活的平衡度的转变。以前我们可能在邓肯9点下班后才急匆匆地吃顿晚餐，现在他5点就下班了。超过5点30分，办公室就如散场的电影院一般空空荡荡。

如果你周末仍然工作，丹麦人会觉得你疯了。他们认为一家人在一天结束前一定要抽出时间一起娱乐，一起吃饭，每天都要如此。这确实有效果。

邓肯几乎每晚都给我们14个月大的女儿丽芙洗澡并带她睡觉。他们已经成为最好的朋友，而不是到了周末才试图重新熟悉亲近的陌生人。

12
1
2
3
4
5
6
7
8
9
10
11

有人说丹麦工作的地方就像美国经典动画片《摩登原始人》里的片头。一到傍晚5点，还没等你说“Yaba dabba doo! ①”，所有人就全部消失了。有孩子的人一般4点就离开了，其他人工作到5点，然后准时下班，回家，做饭。作为经理，如果我的团队里有为人父母者，我通常都避免安排4点以后才能结束的会议，这样他们就可以准时去接孩子了。

60%的欧洲人每周会和朋友、家人或者同事聚会一次，而丹麦人的比例是78%。当然你可以独自HYGGE，但是HYGGE主要还是发生在亲密的朋友和家人这样的小团体之间。

HYGGE也是一种放松和体贴的状态，没有人是舞台的焦点，也不会有人主导谈话时间太长。平等是HYGGE中非常重要的关键词——这是一种深深扎根于丹麦文化的特质，因此每个人都要参与到*hyggelig*夜晚的家务活中。大家一起帮主人准备食物，要比让主人一个人在厨房忙活更为HYGGE。

花时间和他人一起创造一种氛围，是温暖、放松、友好、质朴、亲密、舒服、自在和受欢迎的。这就像一个美好的拥抱——并没有身体上的接触，却实实在在地传达了情意。在这种场合，你可以完全放松，做你自己。因此，HYGGE的艺术也是扩展你的舒适区、包容他人的艺术。

① Yaba dabba doo：动画片《摩登原始人》里弗林史东的一句口头禅，用来表达开心、欢呼。——编者注

HYGGE就是催产素

有人把手放到你的肩膀上，给你一个吻或者爱抚你的脸颊，你就会觉得平静而满足。我们的身体就是如此运作的，它释放出神经激素催产素，让我们感到快乐，减轻压力、恐惧和痛苦。

但是我们什么时候才能感受到催产素在身体中弥漫的愉悦呢？一个广为流传的观点是，拥抱让我们变得更快乐，这是事实——当我们处于很亲密的氛围时，催产素开始涌动，让我们彼此相连。因此它也被称为“拥抱荷尔蒙”，或者“爱的荷尔蒙”。

HYGGE是彼此温馨陪伴的一种亲密活动，通过这些活动能让人身体里的催产素涌现。拥抱宠物能产生与拥抱一个人同样的效果——我们感到被爱、温暖和安全，这些都是HYGGE概念中的关键词。

人们身体相互靠近时释放的催产素，又被称为“社会黏合剂”，通过合作、信任和爱，让整个社会团结在一起。丹麦人能如此高度地信任陌生人，也是因为HYGGE，因为HYGGE活动释放的催产素减轻了敌意，增强了人与人的社会联系。美食、蜡烛、壁炉和毛毯都是HYGGE忠实的伙伴——从某种程度上说，HYGGE就等于催产素。因为所有与HYGGE相关的事情都让我们感觉开心、平静和安全。

一起幸福

“在一起”是HYGGE的要素之一，作为一个幸福研究学者，我认为它也是幸福之源。幸福研究学者和科学家有个广泛的共识，即社会关系对于人们的幸福至关重要。

根据联合国发布的《世界幸福报告》，基本生活水平是幸福必不可少的条件，达到基础条件以后，社会关系对幸福感的影响要远远超过收入的影响。

社会关系的重要性甚至可以用货币来评估。2008年，在英国有一项“给朋友、亲戚和邻居贴上价格标签：通过对生活满意度的调查来评价社会关系”的研究表明，社交活动的增加可能会产生相当于85 000欧元/年的额外生活满意度。

在全球数据以及丹麦本土的调查研究中，我一次又一次地看到社会关系与幸福之间的联系。其中一个例子是几年前我们幸福研究所完成的一个城市调查，在哥本哈根附近的一个叫德格拉（Dragør）的小镇。

我们当时与市议会合作调查当地居民的幸福感和生活满意度，最终一起来讨论如何提升这座城市居民的生活质量。作为研究的一部分，我们调查了当地人对于他们社会关系的满意程度和总体幸福程度。我们发现——不出意料——两者确实密切相关。对自己的社会关系越满意的人，总体来说越幸福。

实际上，社会关系通常是反映人们幸福与否的最佳因素。如果我不能直接问一个人他有多幸福，我就会问他对自己的社会关系有多满意，因为这就足以给我答案。

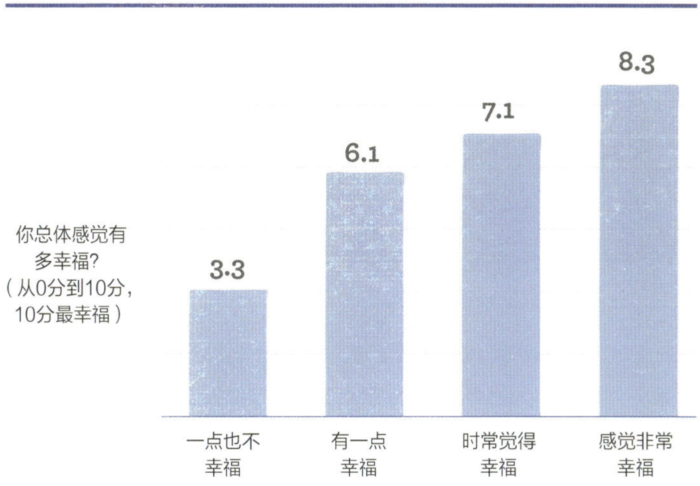

你对自己社会关系的满意程度是多少?

人在任何时刻的心情都由他的性格和整体的幸福感决定，但情绪上的幸福也会在一天或一周之内出现巨大的波动，人在某个时刻的心情主要取决于当时的情境。在这方面，诺贝尔心理学奖获得者丹尼尔·卡尼曼（Daniel Kahneman）的“昨日重现法”也许对HYGGE效应有一定的启示。

这种调查方法是请受试者将昨天的生活分为如同电影一样的多个片段，并详细叙述出来；再针对每个片段请他们回答一些选择题；受试者还需要从一个列表中选择参与的活动，并说明哪个活动吸引了自己最多的注意力，并列出与他们在一起的人，让这些人将自己的几种感觉（快乐、紧张、愤怒、担心等）的强度划分等级。

在2004年的一项目前已成为经典的研究中，一个由卡尼曼博士带领的科学家团队让909名德克萨斯州的女士参与了一项实验。这些女人要填写一份长长的日记和调查问卷，详细描述前一天她们所做的一切。她们在什么时间做了什么，跟什么人在一起，对于每一项活动的感受如何，并根据7分的总分来打分。并不意外的是，这些研究人员发现，上下班、做家务以及面对老板这些是最不愉快的活动，而性爱、交际、吃东西和放松是最让人愉悦的。而这四项愉悦活动中有三项都是HYGGE的主要成分。

根据归属感理论，人都害怕孤独和寂寞，希望自己归属于某一个或多个群体，从中得到温暖，获得帮助和爱。人人都有一种天生的创造亲密关系的能力和动机，而且这种关系一旦形成，我们不会轻易去斩断它，破坏它。

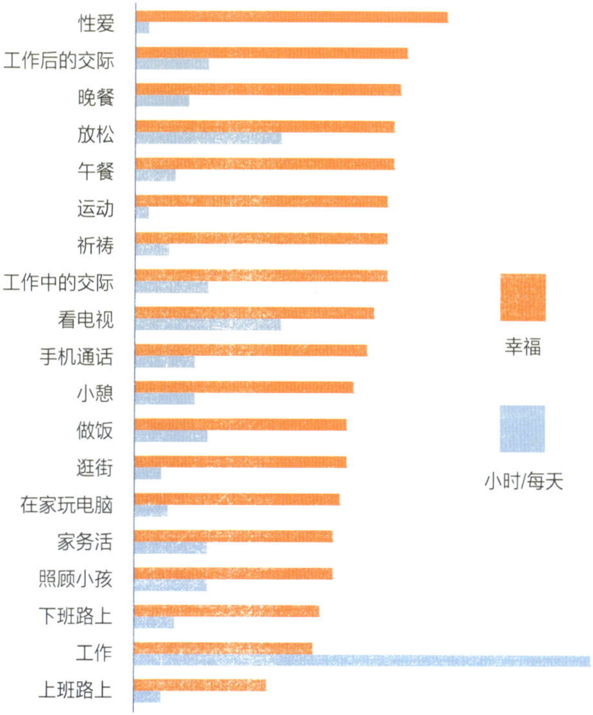

资料来源：一种描述日常生活经验的调查方法——昨日重现法，2004年，卡尼曼等人

作为一个学者，当你花了多年时间调查为什么有的人比其他人更幸福，最终发现答案跟最初就已经知道的事实一样的时候，真是有些沮丧。不过，有了数字、数据和论据的支持，就可以利用它们来帮助我们制定政策，重新搭建我们的社会和生活。

我们是社会性动物，人际关系与总体生活满意度息息相关。最重要的关系是你跟其他人一起经历了一些事的亲密关系——那些能得到对方理解的经历，以及你们相互分享思想和感受，双方都付出并接受对方的支持的关系。用一个词概括：HYGGE。

这也许就是丹麦人在寻求HYGGE时喜欢找小圈子里的朋友的原因。几乎60%的丹麦人都说一起HYGGE的最佳人数是三至四位。

多少人在一起比较HYGGE？

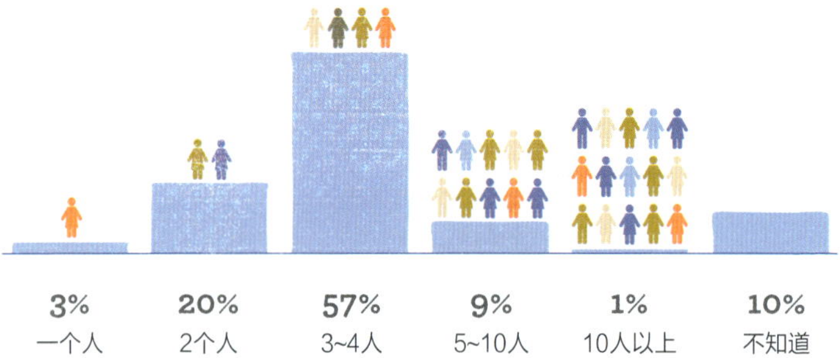

HYGGE的消极面

与亲密的朋友保持长久的交往，这样你们可以一起回溯过往并了解彼此，当然好处多多。

但是近年来，我也开始意识到这样的社会环境有一个严重的缺点：不容易接纳新人。每一个我认识的搬到丹麦的人都告诉我同一件事——要想快速融入丹麦的社交圈几乎是不可能的，至少也需要经年累月的努力和坚持才行。

不得不承认，丹麦人确实不太擅长接纳新人。部分是由于HYGGE的概念，如果在一个聚会上出现太多新面孔，就会被认为不够HYGGE。所以想进入丹麦人的社交圈，你要付出很多努力，还要学会忍住最初的孤独。但积极的一面是，用我朋友乔恩的话来说，“一旦你成功进入，你就是稳固的一员了”。只要你被这个小圈子接纳，你和大家就会结下终生友谊。

HYGGE——适合内向型人的社交方式

当我在为这本书做调查的时候，我正给一群在哥本哈根上一个学期的美国学生们讲课。我经常借讲课之机，为我当前的研究搜集信息，寻找灵感，这次也是一样，我引导大家讨论的话题是幸福和HYGGE之间的关系。

一个在之前的讨论中一直很安静的学生，突然举起了手。“我是一个内向的人，”她说，“对我来说，HYGGE是一件很美好的事。”她的意思是在美国她习惯了和很多人在一起的社交活动，快速约会，快速交际，快速产生激情。那里是外向型人的王国，开放活跃的人最受欢迎。

来到丹麦以后，她发现这里的社交方式更适合她——对于内向者来说，HYGGE的感觉是如此美好。这是一种不会对内向型人造成任何压力的社交方式，我想这也许是我长久以来听到的最有见地的想法了，我承诺一定会把她的见解“窃取”过来放进这本书。

我们知道内向者从内部获取能量，而外向者从外部的刺激获取能量。内向者通常被视为不合群，而外向者如果想玩得开心就可以让自己迅速融入环境。

人们总是错误地将内向与害羞联系起来，认为内向者抗拒社交，只喜欢安静和独处，其实不然。内向者会乐于把自己的“社交时间”给他们熟悉的喜欢的人，进行一场更有意义的对话，或者只是坐下来，喝杯热饮读本书。这不正好就是高质量的HYGGE，很美好，对吗？

内向者也喜欢社交，只是方式不同。HYGGE就是一种适合内向者的社交方式，没有太多人参与的小范围、小圈子的聚会，不需要做很多事，说很多话，只是安静地和朋友度过一个放松、自在、温馨的夜晚。内向者可能会更倾向于待在家里，而不愿去参加一个有许多陌生人的盛大聚会，而HYGGE就成为最恰到好处的选择，在社交与放松之间两全其美的选择。这对于内向者和外向者来说都是一个好消息，因为它很好地平衡了两者的关系。

在这里，致所有的内向者们：不用因为你们喜欢HYGGE的东西而感到难为情或者觉得自己无聊。同样，致所有的外向者们：点燃蜡烛，放上舒缓的音乐，就在今夜，拥抱你内心那个内向者吧。

小贴士：如何创造美好回忆

众所周知，最美好的回忆都是创造出来的。和你的朋友或者家人开创一个新的传统吧。可以是每个月第一个周五玩桌游，或者是在海边庆祝夏至，或是任何能让你的小团体更加紧密地联系在一起的固定活动。

第四章

吃好喝好

你吃的食物代表了你

如果把HYGGE比喻成一个人，我觉得应该是“河边小屋”里的休·费恩利·维汀斯特尔[①]。他身上有许多HYGGE的核心要素，比如随和、质朴以及悠然自得的态度。同时，他非常注重美食在生活中的作用和价值。

新北欧料理最近几年名声大噪，而最为知名的便是在2003年开业，从2010年开始已经四次被评为世界最佳餐厅的诺玛餐厅[②]（NOMA）了。在这家餐厅，你会看到活虾上面爬着蚂蚁的惊悚菜肴，这离丹麦人民的家常菜确实有点远。传统的丹麦午餐包括简单版的*smørrebrød*（开放式三明治），在黑面包上放腌鲱鱼或者*leverpostej*（猪肝酱——一种由烤碎猪肝和猪油混合而成的可涂抹的酱）。我敢打赌，吃了这个你会觉得那些蚂蚁没那么可怕了。至于晚餐，“50种颜色的肉和土豆”应该算是对传统丹麦食谱的最贴切命名。丹麦人是肉食动物，平均每年人均消费48千克肉，而这其中，最受欢迎的是猪肉。

---

① 休·费恩利·维汀斯特尔（Hugh Fearnley-Whittingstall）：英国著名主厨、作家、播音员和活动家。他1997年起参加英国BBC4频道的电视节目。在节目中，他举家搬进“河边小屋”（River Cottage）。这个小屋过去是狩猎者的短期住所，在节目中则是他的正式住处，他在那里开始了自给自足的生活。他大力倡导有机食品，强调回归天然和环保，推出了介绍食材的“河边小屋”系列作品，因此获奖无数。——译者注

② 诺玛餐厅：位于丹麦哥本哈根的西餐厅，也是丹麦唯一的米其林二星餐厅。隐藏在一座250年的古建筑中，具有低调奢华的空间气质，地处哥本哈根一座码头旁，是城市中最美的地方之一。餐厅名字中的“NOMA”是丹麦文“nordisk”（北欧）和“mad”（食物）的缩写，主厨雷尼·雷德泽皮坚持不用进口食材，只用丹麦和北欧时令新鲜食材炮制美食。——编者注

在丹麦，肉、糖以及咖啡的高消费直接与HYGGE相关。HYGGE是指善待自己，宠爱自己，纵容自己，给自己一个逃离健康生活需求的时刻。糖果很HYGGE，蛋糕很HYGGE，咖啡和热巧克力也很HYGGE。至于胡萝卜棒，就不那么HYGGE了。那些会让你有点“罪恶感”的食物才是HYGGE的组成部分，但绝不能太过奢靡。比如鹅肝酱就不HYGGE，但软烂的炖肉很HYGGE，香脆的爆米花也很HYGGE，尤其是我们共享一碗的时候。

让我们一起“堕落”吧！

几年前，我造访一个朋友和他的家人。他的女儿那时候四岁，晚餐时，她问我：“你做什么工作呢？”

“我的工作是寻找什么让人们幸福。”我回答。

“那太简单了，”她耸耸肩说道，“糖果呀。”说到幸福，我可不能确定答案是如此的简单，但如果我们说的是HYGGE，那她可能就是对的。

丹麦人疯狂迷恋糖果，大部分人认为糖果跟HYGGE相关。小熊软糖、甘草糖和*flødeboller[fleu-the-ball-r]*（一种里面塞满奶油的圆顶巧克力糖）……根据《糖果欧洲》发布的一篇报道，丹麦人每年人均消费8.2千克的糖果，成为世界上除了芬兰外消费甜食最多的国家，是欧洲人均消费的两倍。有预测到2018年，丹麦人会吞下人均8.5千克的糖果，超越芬兰成为世界上最疯狂迷恋糖果的国家。丹麦人可不只是对糖果疯狂。还有蛋糕呢，各位？

甜食的消费量

蛋糕

蛋糕绝对是最HYGGE的一种食品，丹麦人非常能吃蛋糕。蛋糕是办公室中的常见零食。乔恩是我的扑克牌友，我和他时常在哥本哈根他最喜欢的一间叫Lord Nelson的酒吧一起喝酒，讨论HYGGE和我们对蛋糕的迷恋。

我们不时会去会议室绕两圈，其实是想看看有没有剩下的蛋糕。我们戏称为“蛋糕观察”，他告诉我，“这还只是内部会议。如果外面的客户来了，还会有法式花色小蛋糕。”乔恩说得不错。蛋糕和点心让一切都变得*hyggeligt*，不管是品尝还是亲手烘焙。它给正式严肃的商业会议也带来一点轻松的气氛。

不过，大多数的蛋糕都是在办公室以外吃的，在家里或者在蛋糕店。最传统最受欢迎的一家店是位于*Strøget*步行街附近的La Glace，也是丹麦最古老的甜品店，于1870年开业。他们家的精选蛋糕包括以丹麦作家安徒生和卡琳·布利克森[①]命名的蛋糕，看起来真是如梦如幻。店里的镇店美食也许要数“sport cake”了，奶油味道十足，吃不惯的人会觉得过于甜腻。复古的室内装饰、用蛋糕装点的美丽橱窗，你坐下来享用一杯热巧克力，甚至想向整个哥本哈根宣称：这是多么的HYGGE。

---

① 卡琳·布利克森：Karin Blixen，1885—1962，丹麦著名女作家，著有《走出非洲》一书，后被改编成同名电影，由梅里尔·斯特里普主演。——编者注

La Glace

La Glace

蛋糕超人

美国有超人、蜘蛛侠和蝙蝠侠。丹麦有……呃……蛋糕超人！

好吧，他其实算不上英雄，但是他在派对上跟他的美国英雄同事们一样受欢迎。蛋糕超人[*Kagemand*（Cai-man）]是丹麦小朋友生日宴会上的传统食品。他看起来像是一个巨大的姜饼人，由混合了许多糖和黄油的甜面团做成，装点上糖果、丹麦国旗和蜡烛。如果我们还能在食谱中加上培根的话，那丹麦的精华就都体现在他身上了。丹麦小朋友过生日的传统风俗是，小寿星切开蛋糕超人的喉咙，而其他小朋友就在一边负责尖叫。

“生日快乐，亲爱的，快来切开蛋糕超人的喉咙吧。”

你觉得，这种北欧的*hyggelig*黑色幽默风格的生日会如何？

糕点

典型的丹麦糕点是……呃……就是丹麦糕点啊。不是所有注入黄油和黏稠奶油的面团都能以一个国家的名字命名的。

通常，也只有那种数百年来几乎输掉每一场战争的国家才有可能。不过，在丹麦，丹麦糕点被称为*wienerbrød*（维也纳面包），这是因为丹麦糕点的配方最初是在19世纪中叶由一个去了维也纳的厨师发明的。有些糕点有很迷人的名字，比如“蜗牛”或者“面包师的坏眼睛”。当然除了名字稍嫌怪异，它们都很美味且非常HYGGE。如果你想在丹麦的办公室传播欢乐和愉快的情绪，只需要大叫一声，“*Bon-kringle!*”*kringle*[①]是一种经典的丹麦糕点，而*bon*的意思是收据。*Bon-kringle*的意思就是当你在当地烘焙坊买了超过1000克朗（大约130欧元）的蛋糕和点心，如果你把收据给面包师，他就会送你一个免费的kringle。

① kringle：一种打结形状的糕点，做法也跟丹麦糕点一样，使用酥皮或者酵母面团制作而成，馅料是杏仁膏和葡萄干，外面还会撒上粗糖、坚果片或者糖霜。——编者注

DIY，手作的乐趣

亲自动手烤面包，手上沾满面粉、黄油，却乐在其中，这是适合自己或者和朋友家人一起做的*hyggelig*风格的事。再也没有比新出炉面包的味道更HYGGE的了。

亲手烤的面包无须像电影中、画报里那样色香味俱佳，而是越质朴，越HYGGE。有一段时间，酵母让许多丹麦人着迷。缓慢的发酵过程以及照顾“一个小生命”的感觉让这件事更加HYGGE。有的丹麦人谈起他们的酵母就像谈起孩子，需要精心喂养和照顾，相当于可以吃的电子宠物。

热饮

我的研究团队曾在丹麦人中做过一个调查，试图找到人们觉得什么与HYGGE最为相关。我曾押注在蜡烛上，但是我错了。蜡烛排名第二，而排名第一的是热饮。86%的丹麦人认为热饮与HYGGE的关系最紧密。它可以是茶、热巧克力或者香料热红酒，但是丹麦人最喜欢的热饮还是咖啡。

如果你看过丹麦的电视剧，如《权利的堡垒》（*Borgen*）或者《谋杀》（*The Killing*），你就会了解丹麦人对咖啡的痴迷和热爱。这些电视剧里几乎每一集都会出现某人正在点咖啡、冲泡咖啡的画面，或者一个人看着另外一个人说："来点咖啡吗？"丹麦是世界咖啡消费量第四的国家，人均消费比美国人多33%。

咖啡和HYGGE之间的联系在语言中也可以得到佐证。*kaffehygge*，一个由咖啡和HYGGE组合而成的词。“一起*kaffehygge*吧”，就是一起享受咖啡时光的意思。*kaffehygge*这个词随处可见。甚至有一个网站专门致力于推广*kaffehygge*哲学，他们声称：“活在今天，就像明天再也没有咖啡一样。”

当然没有咖啡的时候你仍然可以HYGGE，但是冲杯咖啡显然更加美好。一杯香气四溢的热咖啡在手，给你带来多少安慰和温暖，相信每个喜欢咖啡的人都深有体会。

HYGGE上瘾了吗?

你不能买到幸福，但是你可以买走蛋糕，这两者几乎是一样的——至少我们的大脑会这样觉得。想象一下你推开咖啡店的门，走进去，吧台上所有的甜品散发出诱人的香味，你的心情瞬间愉悦起来。你选了你最爱的蛋糕，第一口咬下去，一种欢欣的感觉传遍全身。这感觉如此美妙，你可曾想过当你吃下又甜又富含脂肪的食物时，你为什么会感到那么开心?

我们知道色氨酸是大脑中血清素的重要来源，而血清素会使人心情愉悦。酪氨酸是大脑中多巴胺与肾上腺素的来源，使人精神振奋。

吃下甜品后，会使胰岛素快速增加，而胰岛素又能使酪氨酸与苯丙氨酸在血中的浓度降低，使色氨酸在竞争上处于优势，很快进入细胞中转换成血清素，进入脑中，使人产生愉悦感。那种愉悦而甜美的记忆被存储在脑皮层，令人难忘，时时回想。在某种程度上，可以说是大脑让我们上瘾。

当我们出生时，首先尝到的是甜甜的母乳。因此，喜欢甜食是与生俱来的，它对我们的生存有益，这就是为什么我们在吃蛋糕和其他甜食时会有愉悦的感觉，并且很难停下来，控制不住。我们的身体引导我们继续做那些能让我们开心的事。脂肪和盐也是同样的情况。

我们把某种食物与快乐的感觉联系起来，不由自主想要更多。

HYGGE应该是一件让你感觉美好的事，如果你想要吃蛋糕，那就尽管去吃吧，不用顾虑太多。但同时，我们必须适可而止。如果你吃到胃痛，那就不太*hyggeligt*了。

丹麦人认为与HYGGE相关的事有哪些？

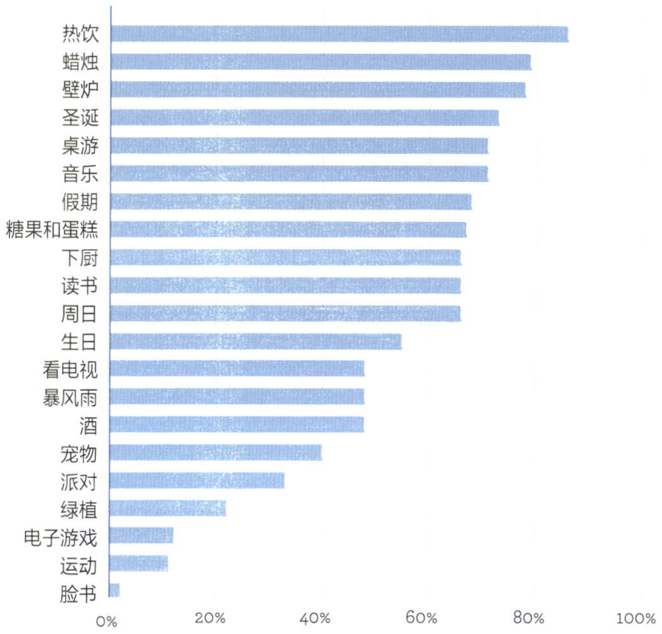

享受准备食物的过程

所以，糖果、蛋糕和点心是HYGGE的。但HYGGE的食物有可能增加你的体重。偶尔，可以尝试一下慢食，同样会让你获得HYGGE的感受。

何谓慢食?

食物究竟有多*hyggelig*，也同样体现在准备时间上。一般来说，做一道菜的时间越长，就越HYGGE。

准备HYGGE的食物，是享受它缓慢制作的过程，你花的时间有价值，有回报，你在准备的过程中收获了喜悦。亲手准备食物，让你和食物之间产生密不可分的联系，这就是为什么自家手工做的果酱要比买来的更加HYGGE。你每吃一口就会回想起你亲手摘下水果，洗干净，整个房间都弥漫着草莓香气的夏日。

每到冬天，我都喜欢消磨一个周末下午的时间，亲自动手烘焙一些甜点，耐心地等它出炉。或者花几个小时去炖一锅香气扑鼻的肉，时间的漫长并不会让我觉得无聊，反而更加悠然自得。我会特意绕很远的路，去一个有名的农夫市集，精心挑选当季蔬菜，跟屠户聊一聊哪种肉更适合小火慢炖。锅在炉子上煨着，汤咕嘟咕嘟作响，肉香四散，而你在你的*hyggekrog*（HYGGE角落）看书，仿佛时间已静止不动。这就是HYGGE的本质。你站起来的唯一原因，是去给炖牛肉加一点红酒。

享受这个过程吧，结果并不重要。端上桌的也许是一盘色香味俱全的炖牛肉，也许色相稍差，味道一般，但那又如何？过程已经让你赚到了。去年，我曾尝试自制柠檬力娇酒。其中一个环节是需要把柠檬皮放入酒精里浸泡一周以上，让酒精充分吸收柠檬的味道和皮的颜色。每天下班回到家，我就会打开冰箱，仔细闻一闻混合得如何了。最终的结果很一般，那酒并不好喝，但是每天打开冰箱监测这瓶酒成型的过程，一直都很HYGGE。

HYGGE食谱

这些食谱，能让你HYGGE起来。

船长炖肉

这绝对是一道硬菜，大块牛肉，分量十足，最早是在船上制作的（从名字即可看出），非常适合萧瑟的秋日。

4~6人份。制作时间1小时15分钟。

750克牛腩	3~4片香叶
3个洋葱	10~12颗黑胡椒粒
1斤土豆	一把香葱
100克黄油	腌甜菜
1升鸡汤	黑面包

---

1. 把牛腩切成可以一口吞下的方块。

2. 把洋葱剥皮并切碎。

3. 把黄油放到锅里融化，最好是一个厚底的锅，然后用少量的油烹炒洋葱，直到它们变得半透明（它们不应该变成棕色）。

4. 加入肉、香叶和胡椒粒，然后放入煮沸的鸡汤，直到覆盖住肉和洋葱为止。

5. 盖上锅盖，炖45分钟。把土豆削皮，也切成可以一口吞下的大小。

6. 把一半土豆放入锅里，盖上锅盖。

7. 15分钟后，搅拌锅里的菜，再把剩下的土豆放进去，如果需要可以再加一点鸡汤。小火再炖15~20分钟，记得要时常搅拌，不要让炖肉在锅底烧煳了。目的是为了让肉混在土豆泥里，但是仍然还要保留一些整块的软软的土豆在里面。

8. 出锅，上桌，加上盐和胡椒调味，摆上一小块黄油、香葱、腌甜菜和黑面包，趁热吃。

芹菜土豆泥配黑啤炖猪脸

这是我最喜欢的一道适合冬天的菜。为了增加HYGGE元素，需要慢炖很长的时间，你可以在等待期间喝一杯红酒，看一本小说。

炖猪脸部分需准备：

10~12个猪脸

盐和胡椒

15克黄油

$^1/_8$ 根芹菜，切碎

一个胡萝卜，切碎

一个洋葱，切碎

一个西红柿，切成四块

0.5升黑啤或浓啤酒

芹菜土豆泥部分需准备：

750克土豆

$^1/_4$ 根芹菜

200毫升牛奶

25克黄油

炖猪脸：

1. 用厨房纸巾把猪脸擦干并放置一段时间。
2. 把黄油放进锅内，中大火让黄油变成金色。加入肉，让肉的每一面都染上黄油的颜色，约3~4分钟。
3. 把芹菜、胡萝卜和洋葱放进锅内，待其变色后加入西红柿。
4. 倒入啤酒。如果需要，加一点水，没入肉和所有的蔬菜。
5. 把火调小，慢炖一个半小时，直到肉变得细嫩。
6. 把肉取出锅，其余的汤汁继续煨煮，把肉放入筛网放置一段时间。

芹菜土豆泥：

1. 把土豆和芹菜切成可以一口吞下的大小。
2. 把土豆和芹菜煮熟，去掉水然后捣烂。
3. 在锅里煮热牛奶，然后把捣烂的土豆、芹菜加入，并加入黄油搅拌均匀。放置一旁。

上菜时把炖猪脸放在一勺土豆泥上，你也可以撒一点香菜，加块面包，抹上酱汁。

丹麦式咖喱肉丸

在丹麦，无论男女老少，都非常喜欢这道传统的丹麦菜。这曾是我妈妈最爱的一道菜，虽然她已经去世快20年了，我每年还是会在她生日那天做这道菜。祭奠我们已故亲人的最好方式不就是做他们最爱吃的食物吗？这样就能将悲伤的时刻转变成一个*hyggelig*的夜晚。如果你不爱吃辣也不用担心，这道菜的辣味很淡，很多丹麦小孩都特别喜欢。

4人份。制作时间1小时35分钟（包括肉馅需要放置的1小时）。

1杯面包屑或者两大勺面粉

1个鸡蛋

2个切碎的洋葱

3个蒜瓣

盐和胡椒

2千克猪肉馅

4杯牛肉汤

咖喱酱：

2大勺黄油

2满勺淡味黄咖喱粉

1个切碎的大洋葱

1根切碎的大葱

5大勺面粉

100克奶油，含35%的脂肪

切碎的新鲜西芹

---

1. 把面包屑或面粉与鸡蛋、洋葱、大蒜、盐和胡椒放入一个大碗并搅拌均匀。加入猪肉末，搅拌均匀后放入冰箱一小时。

2. 用一个勺子，把肉馅做成肉丸的形状。烧一锅水，把牛肉汤和肉丸放入，让其保持沸腾5～10分钟（具体时间根据肉丸的大小决定）。把肉丸从汤里捞出来，放置一旁。

3. 把黄油放在一个小锅里融化，加入咖喱粉，加热几分钟让其变成褐色。

4. 把切碎的洋葱和大葱放入锅里，持续几分钟，同样待其变至褐色。加入面粉，搅拌均匀。然后加入一些烹调汤，一点一点加入，不停搅拌至锅内调料变得黏稠。加入奶油和肉丸，煮沸12分钟左右。

西芹做配菜，配上米饭一同上桌。

香料热红酒

如果没有传统的香料热红酒，12月就是不完整的。丹麦人习惯在酒吧聚会或者邀请朋友和亲人来家里，以这种温暖的辣酒互祝对方圣诞快乐。

香料热红酒的香料：

4把葡萄干

300毫升波特酒

1瓶浓香红葡萄酒

250克红糖（若有糖晶体和蔗糖浆合成的红糖更好，若没有，普通的红糖即可）

20克肉桂棒

20克多香果（一整个）

20克丁香（一整个）

10克豆蔻（一整个）

香料热红酒：

1.5升浓香红葡萄酒

200毫升黑朗姆酒

200毫升阿夸维特酒（或伏特加）

一个橘子皮

200毫升鲜榨橘子汁

100克切碎的杏仁

---

1. 制作前一天，把葡萄干浸泡在波特酒里，最好能浸泡24小时。
2. 把整瓶红酒倒入壶里，加入糖、肉桂、多香果、丁香和豆蔻，加热至快到沸点。关掉火让其降温，然后过滤。
3. 把红酒、雪碧、橘子皮和橘子汁加入到香料热红酒的香精里。加热至快到沸点，然后加入葡萄干和杏仁。

麻花面包

这种面包在任何时候都不太可能会成为NOMA餐厅的精选。它肯定不是你吃过的最奢华的面包，但是其制作过程却能上顶尖HYGGE榜，小孩子们都喜欢它。

6块面包的量：

制作时间1小时15分钟（包括1个小时让面团发酵的时间），烤制时间根据火量的大小和你的耐性而定，通常在10分钟左右。

25克黄油	2汤匙糖
¼ 升牛奶	¾ 汤匙盐
25克酵母	400克面粉

---

1. 把黄油放入锅里融化后加入牛奶，加热，温热为宜。加入酵母让其溶解。

2. 将混合物放入一个大碗，加入其他的原料，做成一个面团，但是稍微留一点面粉。把面团揉匀，放回碗里，用盖子盖上，放在一个暖和的地方，让其发酵一个小时左右。

3. 在面团上放上一些面粉，再次揉匀。这次你可以把剩下的面粉都加进去。把面团分成6份，每份都卷成大约40厘米长的条状，然后缠绕在一根厚厚的棍子上。

4. 把面包放在火上烤，但要小心，不要让面包太靠近热源。当你敲击棍子，面包很容易就从棍子上滑下来时，就说明烤好了。

小贴士：创办一个美食俱乐部

几年前，我想创立某种制度，以便有机会定期见一些好朋友，于是我组织了一个美食俱乐部。做这件事有一部分的目的是为了工作，因为我一直在研究社会关系的重要性，想知道究竟为什么它能影响一个人的幸福感。此外，我还想通过这个美食俱乐部把HYGGE效应最大化。所以我们并没有选择大家轮流做饭给其他五六个人吃的方式，而是一起做饭。这才是HYGGE的精华所在。

规则很简单，每次商定一个主题或者主要的原料——比如，鸭肉或者香肠，每个人都要带一些原料来做成一道小菜，以搭配当期的主题。它创造了一个非常轻松、非正式、平等的环境，任何人都不需要挖空心思去迎合客人，或不遗余力地非要达到星级晚宴的标准。

在美食俱乐部最*hyggelig*的一次是做烤肠那晚。我们花了三四个小时把肉剁碎，灌肠，煮熟，煎熟。10点左右，饥饿的我们终于坐下来，看着盘中堆得如小山似的烤肠，我们觉得特别自豪。可结果是——灾难性的。第一口下去，味同嚼蜡。不是你想象中的烤肠的味道。那晚估计大家都是饥肠辘辘入睡的，显然根本没吃饱，不过那晚的感觉却是相当*hyggelig*。

第五章

怎么打扮才 HYGGE

关键词：休闲

对于丹麦人来说，穿衣服，休闲、舒服最重要。

你不会在哥本哈根的街上看到许多三件套衣服，如果你喜欢条纹商旅范儿，你一定会找到丹麦式轻松着装风格。有一种丹麦着装艺术，可以打造出时尚与休闲混搭的风格。比如穿一件T恤或毛衣在里面，外面搭一件西装外套。我更喜欢那种肘部有皮革补丁的外套，只为了看起来比较HYGGE，更像洒脱不羁的教授。我的朋友都开玩笑说，当他们需要在拥挤的酒吧里寻找我，只要找到肘部补丁就可以了。

如何穿得像丹麦人一样

丹麦的时尚是整洁，简约，优雅，低调。在许多方面，它是HYGGE和简约设计之间的最佳结合。

围巾

围巾是必需品，无论男女。当然，主要用于冬季，但是到了仲夏的时候你仔细观察，会发现仍有人戴着围巾，因为丹麦人太喜欢围巾了，完全脱不下来。围巾的黄金法则是：越大越好。脖子受伤，他们第一时间想到的不是去医院，而是赶紧把时尚厚围巾裹在脖子上。丹麦人如此钟爱围巾，一些英国人甚至把丹麦电视剧《权力的堡垒》戏称为“围巾救护队”。

黑色

当你走出哥本哈根机场，会恍惚觉得走进了忍者系列电影里。在丹麦，每个人都穿黑色。这黑色也是有讲究的，你得追求一种看起来适合去参加老佛爷卡尔·拉格斐①（Karl Lagerfeld）的新品发布会的装扮：时尚、酷、有型。在夏天，可选颜色范围要大一些了，甚至可以是非常艳丽的颜色，比如——灰色。

宽松至上

手工编织的羊毛毛衣、针织毛衣，都以宽大为主，下身一般搭配黑色紧身裤或牛仔裤，在HYGGE和时尚之间找到平衡。针织毛衣可以很宽松但是不能松垮，要把握好这个度。对了，不要忘记围巾。

叠穿

要在一年四季的天气里都保持时尚，秘诀是多穿几层，根据温度变化随时穿脱。时刻记得要多带一件针织衫，如果你冻得哆哆嗦嗦，那可绝对不HYGGE。

① 卡尔·拉格斐：德国著名服装设计师。说起卡尔·拉格斐，脑海里的第一反应永远是香奈儿的艺术总监招牌式的表情，佩戴着墨镜，手拿抓扇，脑后拖着辫子，就是这永恒的墨镜白发长辫的人却占领时尚圈制高点。人们称他为“时装界的凯撒大帝”或是“老佛爷”。——编者注

慵懒发型

不刻意整理，甚至有点蓬乱的头发，显示出一种慵懒随性的格调。醒来就要马上出门，女孩们会把头发扎成一个丸子头，盘得越高越好。

莎拉·隆德针织毛衣①

最具个性的针织毛衣就是在丹麦电视剧《谋杀》中因莎拉·隆德而出名的那件了。《卫报》甚至刊登了一篇文章题为“谋杀：莎拉·隆德关于针织毛衣的解释”。那件针织毛衣大受追捧，以至法罗群岛上的毛衣生产公司的产品已经供不应求了。

这是剧中女演员苏菲·格拉宝自己选的针织毛衣。“我看见那件毛衣时心里想，就是它了！隆德非常自信。她不需要穿套装。她知道自己是谁。”那件针织毛衣也让她想起了上世纪70年代穿着类似毛衣的她的嬉皮式父母。“那件毛衣是让人找到归属感的一个标志。”

① 莎拉·隆德针织毛衣：在《谋杀》系列电视剧中，悲催女探长莎拉·隆德总要被派遣去调查各种谋杀案。除了给观众带来紧张刺激的探案过程，观众也记住了隆德身穿的那件织有褐色花纹的米色圆领毛衣。某种程度上，因为熟悉感，观众似乎已经习惯且爱上了这件略显突兀的毛衣。——编者注

小贴士：怎么正确地买买买

买东西应该是一种美好的体验。为了买一张心仪已久的椅子，我拼命存钱，一直等到出版了我的第一本书，拿到第一笔稿费，我才买到它。这把椅子时时都在提醒我完成了多么重要的一件事。

以此类推，一件特别的大衣或者一盏极具设计感的灯，都值得我们为此努力，为它们存钱，一直耐心等待，直到你有能力把它们买回家，这个过程非常*hyggelig*，当你每次看到它们时，都能想起那怦然心动的喜悦。

第六章

装饰出HYGGE风格的家

HYGGE大本营

丹麦的电视剧如《权力的堡垒》《谋杀》和《边桥谜案》，在外国人看来更像是“家居展示”。大部分场景都是在装修考究的房子或者配有丹麦经典设计家具的公寓里拍摄的。

是的，丹麦人是真的很喜欢设计，走进丹麦人的家，就像走进一本室内装修杂志的书页里。

丹麦人迷恋室内装修的原因就是，我们的家就是HYGGE的大本营。在丹麦，家是社交生活的中心。其他国家的社交生活主要都是围绕酒吧、餐厅和咖啡厅，而丹麦人却更喜欢*hjemmehygge*（在家HYGGE）——还有其他的原因，大多餐厅都奇贵无比。70%的丹麦人说他们最HYGGE的体验是在家里。

你在哪里体验到最HYGGE的时光？

因此丹麦人更倾向于把钱和时间花在装饰家居上。和欧洲其他国家相比，他们享受了最多的人均生活空间。

每个国家的人均居住面积（m²）

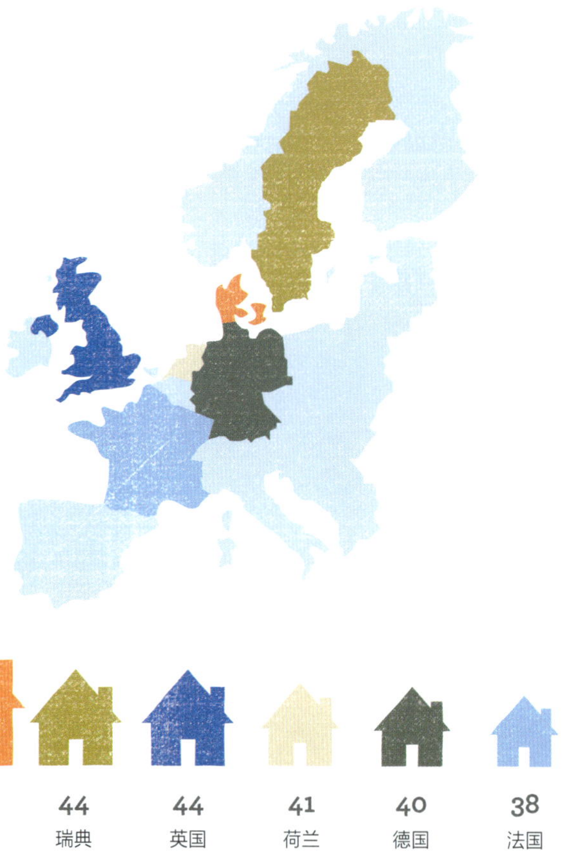

有一年12月，那时我还是个学生，我用所有的业余时间来卖圣诞树。那是个极冷的冬天，但是和树在一起工作让我感到很温暖。我把自己那一个月搬运、锯削、锤打、砍伐和卖那些树赚来的工资全部花在了一把椅子上，那是汉斯·维格纳①于1963年设计的美人椅。椅子是胡桃木的，搭配暗棕色的皮。两年后，我的公寓遭窃。小偷偷走了那把椅子。我在懊恼中还有一丝欣慰，至少，那个小偷算有点品味。

丹麦人痴迷于设计的最好例子，就是如今被称为“Kähler花瓶丑闻”或“花瓶门”的事了。Kähler花瓶是2014年8月25日发行的限量版

① 汉斯·维格纳：Hans Wegner，1914~2007，生于丹麦，20世纪最伟大的设计师之一，他将中国明代风格的座椅中的美学在现代设计中再生，至今没有人能够超越他。他一生中设计了超过五百把椅子，被称为“椅子的大师”。——编者注

纪念花瓶。那天，有超过16 000名丹麦人试图在网上买这个花瓶——大多数人都无功而返，因为花瓶很快售罄，网站服务器也崩溃了。人们又奔向尚有存货的商店，在外面排起长长的队伍，等待购买。

这些购买者看起来就像是为了争抢单向组合乐队[①]音乐会门票的疯狂少女粉丝。后来生产此花瓶的公司因其限量供应被公众强烈质疑和抵制。虽然它的确能把家装点得更美更有品位，但为了一个20厘米高的铜条纹花瓶如此歇斯底里，是不是有点过了？

也许是因为丹麦人的工作时间相对更短，享受免费医疗和大学教育，每年还有长达5周的带薪休假（居全世界首位）——所以，得不到那个花瓶，就是多年来能发生在他们身上的最坏的事情了，绝对无法接受。

① 单向组合乐队：One Direction，简称1D，是一支来自英国和爱尔兰的男子组合。——编者注

HYGGE愿望清单：

十样物品让你的家更加HYGGELIG

1. 一个HYGGEKROG（HYGGE角落）

有一样东西是所有的家都需要的——一个*hyggekrog*，简单翻译为“舒适角”。它是房间里的某个地方，在那里，你可以舒服地裹着毛毯，喝着咖啡，看一本书。我的“舒适角”在厨房的窗台上，正如我之前提到过的。我放了一些靠垫，一条毛毯，还藏了一个驯鹿玩偶。每天晚上我都会坐在窗边工作，这本书的很多内容都是在那里写的。

丹麦人格外重视*hyggekrog*。走在城市的大街上，你会看到路边高楼的每扇窗后面都有一个大窗台。这些窗台肯定都被靠垫和毛毯铺满，帮助屋子的主人放松心情，疲劳的时候可以坐在那里，拥着靠垫，想想心事，瞬间得到治愈。

不过，你的*hyggekrog*不一定要靠着窗户。它可以是房间里一个特定的地方——只需在那里加上靠垫，或者其他让你觉得坐上去很舒服的东西，配上柔和的灯光，也许还需要一条毛毯，这时你就可以尽情享受你的*hyggekrog*了：静静地喝点东西，感受一本好书带来的愉悦。在丹麦，装饰*hyggeligt*是一件很重要的事，一些房地产商甚至会把*hyggekrog*作为卖点来推销房子。

我们对小空间的热爱可追溯到人类早期的洞穴时代，那时我们需要时刻注意周边环境，保护自己和家人不被危险动物伤害或有其他威胁入侵。小空间更有利于生存，因为居住在里面的人的身体产生的温暖不会像在更大的空间里消失得那样快；此外，小空间对于躲避大型动物更合适。

如今，我们喜欢坐在*hyggekrog*，可能就是因为那里让我们感觉安全；能够观察另外一个房间或者向外张望街道，判断是否会有潜在的危险。当我们身处于一个*hyggekrog*的时候，我们感觉很放松——因为我们已经掌控了局面，不会暴露在不可预测的环境中。

2. 一个壁炉

我很幸运，童年时的老家有一个开放式壁炉和烧木柴的火炉。在孩提时代，我最喜欢的家务活就是堆柴火和点火，不知给我带来多少快乐，那真是一段最美好的回忆。根据丹麦环境部的调查，丹麦有差不多75万个壁炉和烧木柴的火炉。在这个有250多万家庭的国家中，意味着30%的丹麦家庭都有HYGGE的条件。相比之下，英国有100万个家庭安装了火炉，但是英国家庭总数有2800万，算下来比例只达到3%。

拥有壁炉或者火炉的家庭

那么丹麦人为什么对烧木柴如此迷恋？你可能已经猜到了答案，肯定不只跟HYGGE有关吧？根据奥胡斯大学完成的一项调查显示，丹麦人用烧木柴的火炉是因为这是一种更廉价的取暖方式，还有一个原因当然就是HYGGE。66%的受访者明确指出HYGGE是他们用火炉的最重要原因。

如果你问丹麦人，70%的人会赞同壁炉是*hyggelig*的，一个接受此项调查的受访者甚至认为壁炉是迄今为止人类发明的最*hyggelig*的实用艺术。

说壁炉是HYGGE的终极大本营并不过分：它是我们独自休息时，能让我们体验到极致舒适和温暖的所在，也是我们与亲密的人相处时，最终找到归属感的所在。

3. 蜡烛

没有蜡烛，就没有HYGGE。如果这说法让你感到惊讶，你需要回去温习第一章。

4 木制品

无论现代文明如何发展，我们还是一直在寻根，追寻古老的传统，而这总是与木制品相关。我们寻找壁炉里燃烧的木柴的味道，或者是一根火柴、一个木制写字桌那平滑的手感，当你走过木地板，去窗边的木椅里坐下时，地板发出轻轻柔柔的吱嘎声，那就是岁月的声音。在塑料玩具占领市场多年后，木制的儿童玩具又开始流行起来。凯·波约森[①]的木头小猴就是一个极好的例子。木头让我们感觉与自然更亲近，它天然朴拙，就像HYGGE的概念一样。

① 凯·波约森

Kay Bojesen，丹麦杰出设计大师。木头小猴是他将木制玩具发挥到极致的设计品，于1951年完成，可以摆出各种不同可爱的姿势，可站可坐，还可倒挂在树上、吊单杠等，随你的想象来摆设。在丹麦人心中是知名度最高的宠物之一。——编者注

5. 自然

光有木制品还不够，丹麦人觉得有必要把整个大自然都请进室内。任何你能找到的纯天然的物件都很可能是HYGGE的。叶子、坚果、树枝以及动物的皮……你可以想象一下：维京松鼠会如何装饰它们的客厅？借鉴它们的经验吧。你一定要用羊皮把那些凳子、椅子和窗台盖得严严实实，给它们添加一层HYGGE。你也可以用驯鹿皮换掉羊皮，但是牛皮一定是铺地板用的。由于丹麦人对于蜡烛、木制品以及其他易燃东西的喜爱，哥本哈根火灾频发。请一定首先确保你采取了严密的防火措施。

6. 书

谁会拒绝一个摆满了厚厚的书的书架呢？读一本好书能够陶冶身心，这是HYGGE概念的基石。书的类型并不重要——爱情小说、科幻小说、菜谱，甚至是恐怖小说，都可以放到书架上来。所有的书都是*hygglig*的，但是一些经典名著，比如简·奥斯丁、夏洛蒂·勃朗特、列夫·托尔斯泰和查尔斯·狄更斯的作品，要为它们在书架上找一个特殊的地方。到了合适的年纪，你的孩子也许会很喜欢跟你一起依偎在*hyggekrog*，让你读这些书给他们听。当然，托尔斯泰除外。

7. 陶器

一把漂亮的茶壶，餐桌上的一个花瓶，你用来喝咖啡的马克杯——它们都是那么的*hyggelige*。丹麦最具代表性的两种陶器，一是Kähler，它的历史已经超过175年，在1889年，埃菲尔铁塔奠基那一年的世界博览会上出尽风头；另外一个，当然是Royal Copenhagen（皇家哥本哈根）了，1775年由当时的皇后Juliane Marie所创，近年来其大唐草系列开始复兴，受到大众的热烈追捧。

8. 触觉思维

也许到现在你已经发现了，*hyggelig*风格的室内装修并不仅仅强调东西有多好看——更重要的是你对这些东西的感受如何。你的手指抚过一张木制餐桌，一个细腻的陶瓷杯或者穿过驯鹿皮的毛发，这感觉与触摸那些钢铁、玻璃或者塑料制品明显不同。仔细回想你触摸的感受，再给家里添置各种材质的东西。

9. 古董

古董对丹麦家庭来说非常重要，你几乎可以在复古商店或者古董店里找到任何东西，只要你耐得住性子去慢慢淘。一盏老台灯、一张旧桌子、一把有年代的椅子，都被认为是很*hyggeligt*的。你可以在复古商店里找到你需要的一切，用它们来营造一个美好的家，这些有历史感的老物件将让你的家居更有温度，更*hyggelig*。

每一个老物件，背后都是一段故事，是岁月的味道，经年沉淀。这些价值金钱无法衡量，千金难买。在我的公寓，我最喜欢的家具就是两个脚凳。那是我和叔叔一起亲手做的。每当我看到它们，就会回想起十年前的那个下午，我们用一根百年的胡桃树枝，一点点摸索，终于做出两个凳子。它们造型简单，坐着舒服，且饱含情感，是最珍贵的回忆，有无上的价值。那才是HYGGE。

10. 毛毯和靠垫

在任何HYGGE的家庭，毛毯和靠垫都是必备品，尤其是在冬天最冷的那几个月，蜷缩在毛毯里是非常*hyggeligt*的。有人在不冷的时候也会裹上毛毯看书，只是因为这样很温馨。毛毯可以是纤维面料做的，比如暖和的羊毛或者羊绒，也可以是薄一点儿的棉质毯子。

不论大小，靠垫也是HYGGE必需品。当你在读你最喜欢的书时，没有什么比把头靠在一个舒服的垫子上更安逸的了。

在这一点上，欢迎你用弗洛伊德理论去分析丹麦人，毛毯的作用不就等同于供婴儿抓摸吮咬使其获得安慰的布料或衣服吗？也许你是对的。HYGGE就是给那些肩负各种责任，不堪重压的成功人士一个喘息的机会，让他们放松下来，哪怕只是一小会儿。它通过营造简单的舒适氛围来帮助你感受幸福，让你相信一切都会好起来。

HYGGE 急救箱

你还需要准备一个HYGGE急救箱，当你能量不足，情绪低落，懒得做计划，也不想出门，只想一个人静静地待着的时候，可能用得上。

把HYGGE的配方装在一个盒子、抽屉或者手提箱里。下面的列表可能会给你灵感，关于可以放些什么东西在里面，当然，最后还是由你自己决定，去找寻到你最想要的能让你快速HYGGE的东西。

1. **蜡烛**

2. **美味可口的巧克力**

去最近的巧克力店买一小盒高质量的巧克力回来。它不一定很贵，但很合你的口味，算是给自己的一点小小奖励。你可以像我一样，给自己定个契约，每天或者每周只吃一块。否则，它们很快就会消失不见。每天或者每周如仪式般品尝一点，将给你带来小小的愉悦和满足，你会因此而期待那一天的到来。

3. **你最喜欢的茶**

我目前的最爱是路易波士茶[①]。

4. **你最喜欢的书**

什么书能让你忘记这个世界，沉溺于书页中？找到它并把它放在你的急救箱里，为那些HYGGE的夜晚做好准备。如果你的工作跟我一样，需要读很多东西，快速地吸收要点，也许你在选择一本小说后会很想尽快把它看完。每次我看戴维·康威尔的间谍小说，都实在忍不住要翻到最后一页，“啊，怎么会这样。他原来一直是个双重间谍。”尽量不要选择这样的阅读方式。书要慢慢地读，看故事最终如何发展。我会选择的书一定是海明威的《永别了，武器》。

① 路易波士茶：rooibos tea，南非一种有机红茶，风靡全球，自然健康。——编者注

5. **你最喜欢的电影或电视剧系列**

我最喜欢的是《垄断者》（*Matador*）。一部40年前拍摄的丹麦电视剧，描绘了从大萧条时期到纳粹占领期间丹麦一个小城的生活。这部电视剧已经成为现代丹麦人的怀旧经典，大多数丹麦人都至少知道几句经典台词。

6. **果酱**

还记得那个储藏室派对吗？那是相当*hyggelig*的一天，对不对？那就把那天你和你的家人以及朋友做的果酱装进HYGGE急救箱吧。

7. **一双上好的羊毛袜**

8. **旧时信件**

话一说出口，就不再属于你，但是写下来的字却能永久保存，白纸黑字，岁月更迭，永不磨灭。重温旧信，能让人回到过去的时光，忆起往昔故人旧友，那些当时只道是寻常的点点滴滴。手写的信要比电子邮件更*hyggeligt*一些。如果你跟我一样，在上个世纪出生长大，你一定也会怀念手写的信，那是人与人之间联系最紧密的佐证。

9. **一件暖和的羊毛衫**

10. **一个笔记本**

在你的HYGGE急救箱里放一本美好的笔记本。我们可以叫它HYGGE日志。第一件事就是记下上个月或者去年你经历的那些*hyggelige*的瞬间。这些都能让你在未来的日子里重温那些你曾经经历过的美好时光。第二件事，想一想你以后渴望实现什么样的*hyggelige*的梦想。如果你愿意的话，写一个HYGGE愿望清单吧。

11. 一条舒适的毛毯

12. 纸和笔

读那些旧信很美妙很*hyggeligt*对吗？那就花点时间，手写一封信。想一想在你生命中你感恩的人，写给他们并告诉他们你的心意。

13. 音乐

一般来说，用唱机播放唱片，要比使用电子设备听音乐更*hyggelig*。我会选择一些舒缓的音乐。最近，我一直在听民谣歌手Gregory Alan Isakov和灵魂歌手Charles Bradley 的歌。

14. 相册

你还记得你在脸书（Facebook）上传的所有的照片吗？选择你最喜欢的一百张照片打印出来。在风雨交加的夜晚，喝一杯茶，翻看记载着过去美好时光的相册，将会让你的夜晚更加*hyggelig*。

Cocktails-to-chill

第七章

家门外的HYGGE

迷人的户外

家也许是HYGGE的中心站，但是在家以外的地方当然也可以很HYGGE。在度假小屋里、在船上以及户外，都是体验HYGGE的绝佳场所。我注意到所有HYGGE时刻都是由以下一个或者多个HYGGE要素组成的。

HYGGE 要素

作为一名研究者，我总是试图寻找现象中的规律，当我在研究*hyggelige*的案例时，我也发现了一些HYGGE时刻的共性。（前文已经讲到了食物和蜡烛，在此就不再提及。）

相聚

你可以独自HYGGE。在下雨天的周日下午，依偎在毯子里，看你最喜欢的电视节目，这很*hyggeligt*；喝着一杯红酒，看窗外大雨滂沱，也很*hyggeligt*；或者仅仅是安静地坐在窗边，看着大街上人来车往。

但是最*hyggelige*的时刻总是在有其他人相伴的时候。几年前，我父亲和他的两个兄弟加起来正好二百岁。他们在丹麦西海岸租了一个很大的夏季度假小屋，邀请了整个家族的人来聚会。小屋四周是沙丘，崎岖不平，风很强劲，呼啸声阵阵传来。我们在那里度过了一个悠游自在的周末，抛开所有烦恼，只是吃吃喝喝、聊天、在海滩上漫步，那是我一年中最*hyggelig*的周末。

随意

大多数*hyggelige*的时刻都是建立在随意的基础之上。为了让你和你的客人能够充分HYGGE，你需要先放松下来。没必要搞得那么正式。你就是你，做你自己。

我20多岁的时候，曾在法国香槟区参加过秋天葡萄丰收的采摘。几年前，我同其他三个朋友再次造访那里，我决定在我曾经工作过的马凯特葡萄园停留。我们遇到了葛兰妮——酒庄的女主人——以及她的儿子，他现在已经是个大人了。在庄园那古朴的、地上铺着鹅卵石的低矮的乡村厨房里，我们围坐在长条桌前，喝着葡萄酒，兴致勃勃地谈天说地，度过了一个非常*hyggelig*的下午。那天晚上的氛围也是轻松和随意的，虽然我已经很多年没有见过葛兰妮和她的儿子了，但是我们的相处依旧那么自然亲密。

亲近自然

无论你是坐在瑞典的河边还是法国的葡萄园，或只是在你家的花园或附近的公园，身处自然之中，都能创造一种舒心的氛围，让你放松警戒。

当我们接近大自然时，就会暂时逃离电子信息的狂轰滥炸，不必再挣扎于各种选择当中。无须奢侈，诸事随心，这里只有宁静的相伴和舒服的交谈。简单、缓慢、质朴，这都是快速进入HYGGE的关键。

一个夏天，我同一群朋友到瑞典尼桑河畔某地露营。夕阳西下时分，我们生起了火，火上的烤鸡颜色渐渐变得金黄。你能听到包在锡箔纸里的烤土豆正嗞嗞作响。那天我们划了很久的独木舟，随之天色渐暗。篝火以它那温暖的颜色点亮了营地周围的树。透过树叶的缝隙，能看到天空中的点点繁星。我们一边等待着鸡肉烤熟，一边慢慢喝着杯子里的威士忌。我们安静、疲乏，又有种难以名状的开心，那是纯粹的HYGGE。

活在当下

最后，还有一个要素，就是活在当下。HYGGE的终极要义就是体验和品味当下。

那次露营旅行，我们几乎切断了与外界的联系，没有网络，没有邮件，没有手机。我们只是全身心地投入大自然的怀抱，享受当下每一个美好自在的时刻。

每年夏天，我都会同我最好的一个朋友以及他爸爸去航海。在白色的风帆下仰望蓝天白云，听着从下面的甲板传出来的音乐声，这比掌舵更让人心旷神怡。最*hyggelige*的时刻是我们站在甲板上眺望即将到达的港口。每次晚餐后我们就会一起坐在驾驶舱，听着风在港口船只的绳索间刮过的声音，喝一杯餐后爱尔兰咖啡，看夕阳西沉，坠入海面……这一切都很HYGGE。

有没有可能一次体验到所有的HYGGE要素？有的。我就有过这样的经历，它就发生在夏天的小木屋。我童年最美好的时光都是在这座离我家10公里外的小木屋度过的，从5月到9月，我们都住在那里。

在那几个月里，夜晚也没有黑暗降临，我和哥哥疯狂享受着永无止境的白昼。我们爬树、抓鱼、踢足球、骑车、去山洞探险、在树屋上睡觉、在沙滩上的船下捉迷藏；我们建大坝、城堡，制作弓和箭；在森林里寻找浆果和被藏起来的“纳粹黄金”[①]。这座小屋只有我们城里的家的三分之一大，家具陈旧，电视还是那种带有穆迪天线的、14

---

① 纳粹黄金：1944年4月至5月期间，行将灭亡的纳粹德国将大批掠夺来的黄金，用卡车从德国的德意志帝国银行运出，准备运往其他地方藏起来，但由于种种原因，这些纳粹黄金永远也没有抵达目的地，从此去向不明。这里指寻宝游戏。——编者注

英寸的黑白电视。但这就是我们记忆中最HYGGE的地方。

对我来说，这是我一生中最快乐、最*hyggelige*的时光。小木屋可以说集齐了HYGGE的所有要素：味道、声音和自然。在那里，我们与自然紧密相连。那个小木屋让你的生活慢下来，简单下来，变得纯粹无忧。

办公室里的HYGGE时光

丹麦人相信HYGGE可以也应当可以发生在办公室里。

这一理论的证据之一就是，我在前面第四章中提到的蛋糕。另外，还有幸福研究所的一项关于HYGGE的调查中，78%的丹麦人认为工作应该是*hyggeligt*的。

工作应该是*hyggeligt*的吗？

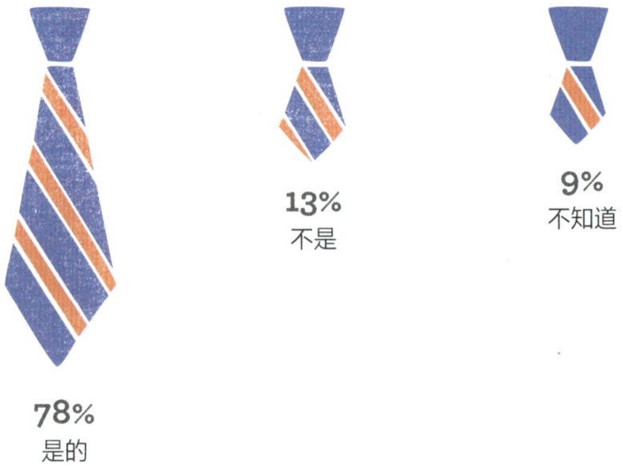

小贴士：打造一个HYGGE办公室

怎么让办公室的时光更加*hyggelige*呢？当然，蜡烛和蛋糕是必备品。但这仅仅是一个开始。想一想有什么方法可以让一切变得更加随性、温馨和平等呢。我们是不是可以为那些需要阅读长篇报告或者开一个快速非正式会议的人添置一些沙发呢？因为我的工作需要做很多采访，所以我更喜欢坐在沙发上和受访者深入交谈，而不是在一个冷冰冰的办公室，隔着一个奢华的办公桌面对彼此。

第八章

HYGGE的一年

HYGGE与天气

在丹麦，有一句流行语："没有坏天气，只有坏着装"。坦白说，关于丹麦的天气，我实在找不出多少好话来。

一些人把丹麦的天气描述为黑暗、多风和潮湿；一些人说丹麦有两个冬天，一个是灰色的，一个是绿色的。

在这种天气情况下，对于丹麦人冬天大多数时间都在室内度过，我们就不觉得奇怪了。

夏天的时候，丹麦人都会尽可能地在户外待着，希望多享受一点阳光，但是从11月到次年5月，糟糕的天气让丹麦人只能足不出户，在家HYGGE了。这也正验证了幸福研究所关于HYGGE的一项研究结果，HYGGE的高峰季节是秋天和冬天。

如何度过HYGGE的一年呢?

1月：电影之夜

1月非常适合与朋友和家人一起去看电影。每个人都带一些零食，选一部经典怀旧片，你们都看过，对情节很熟悉，所以在看电影的时候聊点别的也没关系。

2月：滑雪旅行

如果有机会，在一年中的这个月份，组织朋友和家人一起去滑雪旅行。山顶的景色美不胜收，从坡上滑下来的刺激感更让人振奋不已——但是，滑雪旅行最美好的部分还是因为HYGGE。那不可思议的一刻发生在当你和同伴回到小屋，所有人都因滑雪而疲惫不堪，顶着又脏又乱的头发，穿着厚厚的羊毛袜，悠闲地喝着咖啡，共享静谧时光的那一刻。记得带上那瓶金万利酒！

3月：主题月

如果你和你的家人准备这个夏天去度假，那有个办法可以让你们提前获得HYGGE。如果你们要去西班牙，那就把3月用来全方位探索这个国家吧。“探索”的方式是看西班牙电影，做西班牙小吃，甚至，如果你有孩子，可以花一个晚上给椅子、桌子、盘子贴上西班牙文标签，教他学习最简单的西班牙单词。

如果今年你们没有旅行的计划，你可以从以前你去过的国家中选一个主题（把去那个国家旅行的相册拿出来），或者选一个你一直梦想去的地方，在3月里充分研究，发现更多的美好。

4月：徒步旅行及野餐

4月是非常适宜的徒步、露营或者皮划艇之月。此时的天气可能还有些春寒料峭，所以记得带上羊毛袜（这是额外的*hyggelige*）。这个季节没那么多蚊子，因此很适合徒步和露营。如果你像我一样是都市动物，在徒步旅行开始的几个小时，也许会很不适应，一直忍不住想，我怎么会跑到这么个没有Wi-Fi的鬼地方来？当你熬过最初的不适，你就能慢慢体会出徒步的美好。徒步是HYGGE的“复活节彩蛋”，它缓慢而来，质朴天然，让你产生归属感，放松，踏实。

到达目的地后，你们可以一起收集木柴，生火，准备食物，看着食物在火上慢慢地烹煮，香气渐渐溢出。满天星斗下，和朋友一起尽情享受餐后的威士忌吧。

如果你们准备复活节出去，记得为孩子们带上巧克力蛋。

5月：周末小屋

当白天开始变长，去乡村度假就成为首选。可以找朋友借用一间小屋，或者在网上租一间合适的小屋。越简朴，越HYGGE。如果小屋里有一个壁炉，那就更让人喜出望外了。为了打发雨天的下午，最好带上桌牌游戏。在5月的周末也可以开启这一年的第一次BBQ（烧烤大会）。在初夏季节，没有什么比拿着啤酒站在烤架旁烤肉更HYGGE的事了。

6月：接骨木花糖浆和夏至

6月初是接骨木花丰收的季节，非常适合做接骨木花糖浆或者柠檬果汁糖浆 。不管做成夏天的冰饮还是冬天的热饮，它闻起来都有夏天的味道。而这味道并不仅限于你喝它的时候。当你开始制作糖浆，你需要把花和柠檬在盆里放置24小时，整个房间都散发着夏天HYGGE的香气。深深呼吸一下，就仿佛回到童年的夏天。

制作2.5升的接骨木花果汁糖浆：

30束接骨木花
3个大柠檬
1.5升水
50克柠檬酸
1.5千克糖

1. 把接骨木花束放进一个大盆里，最好是能容纳5升液体的盆。
2. 用热水洗净柠檬，切片，放进盆里。
3. 把水煮沸后，放入柠檬酸和糖。
4. 把热水倒入有接骨木花束和柠檬片的盆里。
5. 把盆盖上，放置3天。
6. 把汁液沥出来，装瓶。存放在冰箱里。

6月23日，仲夏节[①]前夕，那天晚上，丹麦人庆祝夏至。这是我最喜欢的一项传统。在丹麦，有那么一天，白天无比漫长，晚上11点才

① 仲夏节（Midsummer Festival）：北欧国家的传统节日，每年6月24日前后举行。瑞典、芬兰等北欧国家靠近北极，冬季漫长，大部分地区几乎有半年时间不能见到太阳。人们在这一天庆祝光明驱除黑暗日子的到来。篝火晚会是节日的重要内容，按古老传统，篝火要由新婚夫妇点燃。——编者注

日落，那一天似乎永远也不会完全失去光明。随着太阳落下，人们心里五味杂陈、悲喜交集，因为大家都知道，从明天开始，随着白天的缩短，我们将开始缓慢堕入黑暗。

这是一个极其适合野餐的夜晚。带上你的朋友和家人，点起篝火。如果你需要在等待的时候给孩子们找点事做，那就来一场汤匙盛蛋赛跑[①]吧。

① 汤匙盛蛋赛跑（egg-and-spoon race）：一种竞赛者手持汤匙端蛋的跑步比赛。——译者注

7月：夏天的野餐

丹麦人非常喜欢在7月出去享受大自然。天气很暖和，白天很长。这是一年中最适合野餐的时节，在海边、在草坪上或者在公园都是极好的。你可以自己选择目的地，但是一定要离开市中心。邀请你的家人、朋友和邻居或者刚刚搬到这条街的人，组织一场“百家饭”（pot-luck）活动，就是每个人都带一两道菜，大家一起分享。“百家饭”晚餐会更加*hyggelig*，它体现了更加平等的状态，传达了一种分享食物、分担责任与家务的理念。

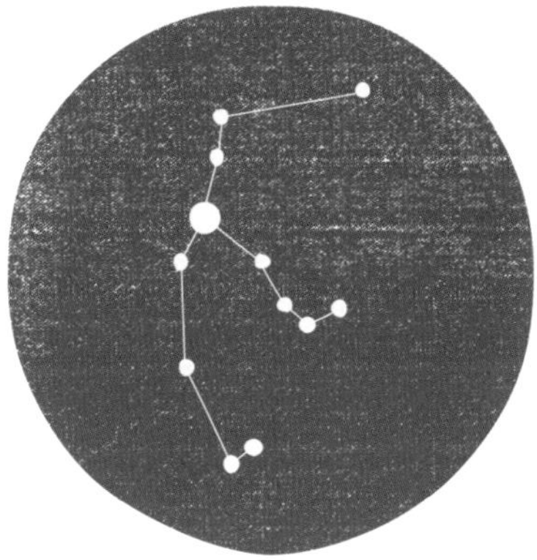

8月：观测英仙座流星雨[①]

带上毯子在星空下度过一晚。虽然每年这个时候的黑夜很浅，并不是看星星的最好时节，但是在8月中旬左右，英仙座流星雨总会出现，通常在11号到13号达到高峰。看英仙座应朝向东北方向，在仙女座的东方，仙后座的北方。如果你有孩子，这将是一个给他讲希腊神话故事的极好时机，在等待流星的时候，你就可以给孩子们讲了。

南半球的人可以观测宝瓶座η流星雨，通常4月底到5月中旬是其高峰期。

---

① 英仙座流星雨：学名Perseids，是以英仙座γ星附近为辐射点出现的流星雨，也称英仙座γ流星雨。与象限仪座流星雨、双子座流星雨并称为北半球三大流星雨。它不但数量多，而且几乎从来没有在夏季星空中缺席过，每年固定时间稳定出现，是最活跃、最常被观测到的流星雨，也是对非专业流星观测者来说最好的流星雨，为全年三大周期性流星雨之首。——编者注

9月：蘑菇采摘

蘑菇主要出现在秋天，但是在盛夏的时候也能找到。你自己种植、自己抓捕或者自己采摘的食物，味道一定有别于从市场上买来的食物，这样的食物富含非常高的HYGGE因子。带上你的家人和朋友去森林来一次采摘远足吧。

警告：吃错了蘑菇可是致命的，所以要找一个有经验的蘑菇采摘者带领，在你初次尝试时让他跟你们一起。很多社区都会组织蘑菇采摘团队游。

10月：栗子

这是栗子季节。如果你有孩子，可以带他们去采栗子，并用这些栗子雕刻小动物。

成年人可以去市场上买一些栗子，用刀在尖头画一个十字，然后放入200度的烤箱，烤大约30分钟，直到皮裂开，里面变软为止。撕开坚硬的皮，加一点儿黄油和盐，就能吃到美味的烤栗子了。

如果你只是想要一个人的HYGGE时光，选一些蜜桔、烤栗子和一本海明威的《流动的盛宴》来陪伴你吧。这本书的背景设在20世纪20年代的巴黎，那时候海明威还是一个身无分文的作家。

11月：煲汤大赛

冬天快来了，是时候更新那些一成不变的汤谱了。邀请家人和朋友来办一场煲汤大赛。每个人可带够一人份的汤的原料来。轮流准备不同的小份的汤，可供每个人品尝。我通常会做一道南瓜姜汤，配上一点法式鲜奶油，味道真的非常棒。作为主人，如果你想再增加一点什么，那就烤一些自制面包。新鲜出炉的面包的香味绝对相当HYGGE。

12月：香料热红酒和松饼球

这是个HYGGE高发季节。蜡烛和糖果的消费量飙升，如同体重指数一样。这也是制作香料热红酒的黄金时间段（你可以在94页找到食谱）。事先在锅里泡好葡萄干后，邀请你的朋友和家人过来一起制作香料热红酒和松饼球（食谱见232页），足以消磨掉一个下午或者晚上的时光。

第九章

HYGGE无须花费太多

生命中最美好的事物都是免费的

一双普普通通但是很HYGGE的羊毛袜，跟奢华、昂贵扯不上半点关系，这是HYGGE至关重要的一个特征。香槟和牡蛎也许是好东西，但算不上HYGGE。

HYGGE是粗陋的、缓慢的。它质朴而非新潮，简单而非豪华，平和而非张扬。HYGGE代表了丹麦的简约慢生活精神。

它可以是在圣诞节前夜穿着睡衣看《指环王》；可以是坐在窗边，一边品着热茶，一边闲闲望向窗外的蓝天；也可以是在仲夏节那天，你和朋友、家人围坐一起，看着那篝火上的麻花面包慢慢地烤熟。

简单和质朴是HYGGE的核心，也是丹麦设计和文化的精髓。丹麦经典设计作品都强调简约和功能性。丹麦人大多低调、谦逊，厌恶自吹自擂、夸夸其谈之辈，炫耀劳力士金表的行为就更令人不齿，这些都是破坏HYGGE、品位不佳的表现。简而言之，越是珠光宝气，越不HYGGE。

所以，如果你误入一家高档餐厅发现自己付不起账单时，也可以打出HYGGE这张牌，作为撤退的理由。“我们要不换一家更*hyggeligt*的地方？”但是NOMA除外。那家餐厅真的非常贵，同时又很*hyggeligt*。他们的灯光设计绝对一流。

HYGGE主张享受生活中简单的快乐，无需花费太多。就像丹麦诗人本尼·安徒生的诗《斯万德幸福的一天》所说："看，日光即将苏醒。月亮渐落太阳渐升。生活并非我们拥有的最糟糕的东西。再过一会儿，咖啡就好了。"

据幸福研究所的研究报告显示，幸福感与收入之间并无太多关联。当然，如果你连饭都吃不上，那肯定和幸福不沾边，但是如果你并非挣扎在贫困线上或者入不敷出，每月额外增加100欧元，也并不足以让幸福的指针随之转动。

这个理论同样适用于HYGGE。你不能用钱买来好的氛围和归属感。如果你现在焦虑或紧张，是不会感觉到HYGGE的，制造亲密感需要时间、共同的兴趣和你周围人的参与，那也是钱买不到的。

HYGGE总是和吃喝玩乐相关，但不提倡高消费。越多的金钱因素掺杂进来，*hyggeligt*就越少。而越是简单和原始的活动，越*hyggeligt*。比如喝茶比喝香槟更加*hyggeligt*，玩桌游比玩电脑游戏更加*hyggeligt*，自家做的食物和饼干比外面买的更加*hyggeligt*。

简而言之，HYGGE是一种氛围，花更多的钱并不能让其得到提升，相反，还可能起到反作用。

HYGGE也许无益于刺激消费市场，但却有益于个人幸福。HYGGE主张享受生活中简单的快乐，花很少的钱就能实现。

十种免费（或几乎免费）的HYGGE活动

1. 把桌游[①]拿出来

我们生活在电子娱乐的时代，与科技为伴而非人与人彼此相伴。桌游仍然很流行，部分原因是它很HYGGE。每年，我的朋友马丁都会组织桌牌的始祖游戏：“轴心国和同盟军”。此游戏以二战为背景，本质上就是桌游“大战役”的复杂版。这个游戏通常会持续14个小时，所以马丁一般会把他那善解人意的女朋友安顿在酒店过夜。

这个夜晚并非只有游戏，我们会播放经典音乐，大多数时候是瓦格纳或贝多芬，雪茄的烟味弥漫整个房间，在这里你会看到穿着制服的成年人像个孩子一样手舞足蹈。我承认，我们可能太忘形了，但是这一切都是为了HYGGE。

为什么桌游会是HYGGE的呢？首先，这是一项社交活动。需要和朋友一起玩游戏。你们创造了共同的回忆，让大家的联系更加紧密。马丁的所有朋友都还记得2012年那次游戏，同盟军突然意识到莫斯科即将陷落。

---

① 桌游：发源于德国，在欧美地区已经风行了几十年。大家以游戏会友、交友。它是一种面对面的游戏，非常强调交流。因此，桌游是家庭休闲、朋友聚会，甚至商务会谈等多种场合的最佳沟通方式。21世纪初它也登陆到中国国内，风靡白领群体。——编者注

另外，对于我们这些在《大富翁》或者《棋盘问答》中长大的孩子来说，桌游充满了怀旧之情，可以把我们带回到那个更简单的年代。这也是一项很慢的活动（游戏通常需要花14个小时），空气中充满了浓浓的HYGGE味道。

2. 储藏室派对

这是我最喜欢的一项活动之一。选一个下午或者晚上，邀请你的朋友到家里做饭，一起HYGGE。规则很简单，每个人带一些食物原料，做好的食物可以存放于储藏室（或者冰箱）里。草莓酱、甜酸菜、自制番茄酱、鸡汤、柠檬酒、南瓜汤，随你的心意。每个人还需要带一些玻璃罐、铁罐、瓶子或者任何形状的容器，用来装这些丰盛的自制小食。它的美好是因其丰富性。你得到的不是10罐味道一样的南瓜汤，而是芒果酱、姜啤、腌辣椒、茄泥、酵母面包、李子酱、接骨木花姜糖、核桃阿夸维特酒和覆盆子冰露。

3. 电视之夜

我和我最好的一个朋友总是一起看《权力的游戏》（我们刚看到第三季，所以请大家闭紧嘴巴，不要告诉我们谁死了）。我们每两周左右看两集，就两集。我知道在网络时代，当你最喜欢的剧更新后，你还不疯狂地看完简直就像不合群的阿米什人①。但是这样做绝对有好处。首先，这让电视回到了更加社交的一面；其次，你能定期地怀有期望。所以，请控制自己想每周都请朋友过来看某部电视剧的欲望。

① 阿米什人：Amish，是美国和加拿大安大略省的一群基督新教再洗礼派门诺会信徒（又称亚米胥派），通常被认为拒绝使用现代科技，但事实上许多阿米什人的村里都使用电力，并且还拥有发电机和蓄电池。——编者注

4. 在与邻居公用的楼梯间或者其他地带建一座小型图书馆

找一个旧的梳妆台或者一些架子，放到楼梯间（你也许需要先征求大家的同意）。把你已经看过的书放进这个简易“图书馆”，通过带走一本就留下一本的换书原则，让你的邻居帮你增加不同类型的书。当走进你的楼梯间，就能得到书的问候，回家这件事瞬间变得更加*hyggelig*。这样做还可以让你所在的大楼的住户们增添更多的HYGGE互动。

5. 滚球

你一定有一个朋友拥有一套滚球。它不仅是喝茴香酒的绝好借口（如果你还没尝过，我要告诉你它非常美味），还是与家人和朋友一起聚会时的绝佳活动。这个游戏随意且需要很长时间。在玩游戏的过程中你有时间聊天，而且在聊天的时候也有可以看的东西。在附近找一个有砂石小径的公园，将其作为滚球的场地，带上毯子和野餐篮。

6. 生起篝火

篝火在某种程度上几乎等同于HYGGE，慢慢地准备不那么复杂的食物也是一样，篝火更大的意义在于围绕在篝火旁的一种归属感。彼此不需要交谈，有火焰的声音就已足够。火焰开始噼叭燃烧，灰烬掉落下来。你找到一根直直的树枝，清理干净树尖和树皮，用来串面包。把串好的面包放置于灼热的火上烤一烤。人们现在已经聚集在篝火周围，围成一个更紧密的圈，只有在烟改变方向时这个小圈才会偶尔开个小口。你的眼睛被烟熏着，你的手因为太靠近火被烧到，你的面包外部已经烤黑了但里面还没烤熟。再没有比这更*hyggelig*的了。

7. 露天电影

很多城市在夏天都会推出户外的电影大屏。哥本哈根通常是在8月份，因为6月和7月的夜晚太亮了，不适合放电影。一般来说，露天电影的声音很难听清楚，你坐在不那么舒服的地上，没有靠背，有些聪明人会带上小凳子，在你面前支起帐篷，如此一来，还会挡住你一部分视线。尽管如此，它还是非常*hyggeligt*。我时常和一些朋友一起去。我们支起帐篷，吃着零食喝着酒聊天，等着电影开场。

8. 换物聚会

还记得你一直放在储藏室的那盏经年不用的台灯吗？还有你和丈夫（妻子）决定搬到一起住后多出来的搅拌器？为什么不用它们换点你需要的东西，与此同时还能度过一个*hyggelig*的夜晚呢？邀请朋友和亲人来家里开一场换物聚会。规则很简单。每个人带一些他们不再用，但是可能对其他人有用的东西。这可是一个清理你的衣橱、厨房橱柜、储藏室和其他你存起来“从来不用”的东西的绝好机会。更重要的是，与朋友换物可能比花一个周末在二手市场推销你的“废旧物品”或在网上发布一条广告更加方便更有意思。

9. 滑雪橇

在冬天，人们很容易感觉被困在了室内。除了可以坐在房间里看书喝咖啡放松获得*hyggeligt*之外，在雪地里玩一天会让人感觉更加*hyggeligt*。召集一队人马往山上进发吧。如果你的储藏室里存有一个美丽的木制雪橇，那一定要带上。但是你还有更加经济实惠的选择。你甚至可以用一个坚固的塑料袋滑下山。免费的滑雪，但还是很有趣。带一个冬天的野餐篮，备一些茶或者香料热红酒，滑完后再喝。不要在滑雪前喝酒。

10. 玩

以上一些活动，如滑雪橇和桌游，可以放入同一个类别里，那就是玩。当我们还是孩童时，我们是多么热爱玩，但是，不知为何，当我们长大后就不再玩了。成年人似乎不应该玩。我们应该感到焦虑，担忧，忙于应付生活中的各种问题。但是由普林斯顿大学经济学、公共事务教授阿兰·克鲁格（Alan Krueger）领导完成的一个调查研究显示，当我们在做各种休闲活动时，我们才是最开心的。

成年人的一个问题是，我们变得越来越关注一项活动的结果。我们努力工作是为了挣钱；我们去健身房是为了减肥；我们花时间和人相处是为了建立联系，为了更长远的事业发展。我们做过什么事只是为了好玩？如果你已经记不得上一次做好玩的事是什么时候了，那么请记住《闪灵》里说的："只工作不玩耍，聪明的孩子也变傻"。注意下表（第196~197页），在诸如运动、远足、聚会和玩耍等活动中，孩子们打分最高。

普林斯顿调查

在这项研究中，超过4000个受访者被问到在前一天他们所参与的不同活动的感受，开心度从0分到6分。

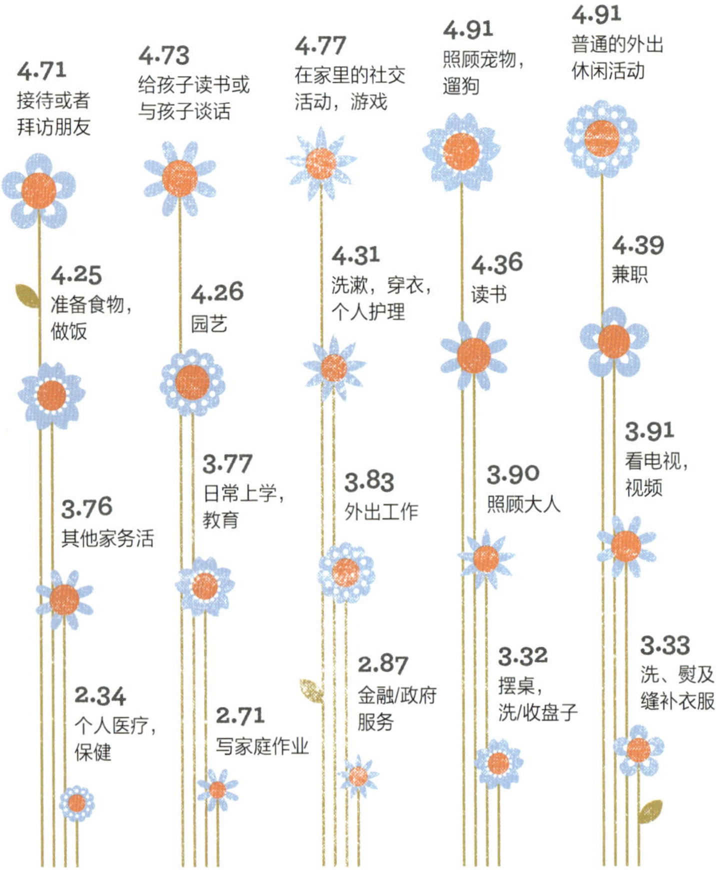

5.24
聚会或参加欢迎会
4.97
宗教活动
4.40
放松，思考，什么都不做
3.93
照顾小孩
3.46
用手书写
5.24
参加运动，比赛
5.0
喝咖啡，啤酒
4.47
正餐之外吃零食
3.99
用电脑
3.47
在家工作
5.32
打猎，钓鱼，划船，徒步
5.02
旅游相关的活动
4.54
照顾大一点的孩子
4.02
个人医疗保健
3.50
修整家里，修理工具
5.33
听音乐（光碟等）
5.06
购物
4.55
聊天，打电话，发短信
4.03
购买日用品
3.67
购买医疗服务
5.41
和孩子一起玩
5.09
运动和锻炼
4.66
散步
4.22
做义工
3.72
打扫卫生

第十章

哥本哈根HYGGE之旅

HYGGE之旅

如果你想去哥本哈根旅行，推荐你去这样一些*hyggelige*的地方。

新港

这里曾经是城中一个比较危险的地方，充斥着粗暴的水手和提供快乐服务的姑娘们。今天，你可以去那边的餐厅品尝腌鲱鱼和丹麦杜松子烈酒（schnapps）。如果这不是你的菜，天气好的时候，你可以像当地人一样，从商店里买几瓶啤酒，坐在堤岸上，边喝边看这个城市的人来人往。

NYHAVN 17

LA GLACE蛋糕店

这里是奶油的海洋。还记得前面提过的蛋糕的重要性吗？如果有蛋糕界的El Camino（朝圣之路），La Glace蛋糕店堪比圣地亚哥的德孔波斯特拉大教堂。La Glace创立于1870年，是丹麦最古老的蛋糕店。

TIVOLI 花园

Tivoli花园建成于1843年，是哥本哈根的旅游胜地，很多市民都会购买年卡。虽然夏天是旺季，但是Tivoli最HYGGE的时候是换上圣诞和新年夜装扮的时候（通常从11月中旬直到1月中旬）。这是一场光的盛宴。成千上万束灯光让这座花园在冬夜里变得极具魔力，你可以在花园里的篝火旁喝一点香料热红酒，或者待在Nimb酒吧的壁炉旁享受寒冬中的暖意。

在克里斯钦港划船

克里斯钦港（Chrisianshavn）是哥本哈根主城区的一部分，但是它与其他在内港的主城区是隔离开来的。它由运河主导，或许你会觉得有那么一点像阿姆斯特丹。体验这里的最好方式就是租一艘小船，沿着运河泛舟而行。记得带上毛毯、酒和野餐篮子。

灰袍兄弟广场

被这里的老房子环绕会让你产生穿越回到几百年前的感觉。这个*hyggelige*广场得名于灰袍兄弟（Grå brødre）修道院，成立于1238年。广场有许多温馨的餐厅。在Peder Oxe餐厅，你能品尝到经典的丹麦开放式三明治[①]（smørrebrød），享受炉火的温暖。甚至理发店都有壁炉（还有一只法国斗牛犬，在你剪头发时，它会乖乖地睡在你的膝盖上）。这一切都太HYGGE了。如果你足够幸运的话，还可能看到广场上烤全猪的场景。

① 丹麦开放式三明治：丹麦名副其实的国民小吃，比酥皮面包更能够代表丹麦美食。所谓开放式就是指它只有底层的一片黑麦面包，你可以在这片面包上抹上黄油，放上蔬菜，添加各类食材，浇上酱汁配料，然后开始享用。——编者注

休闲街

在Værnedamsvej休闲街，汽车在骑行者和行人中间迂回前行。这条小街让你放慢脚步，享受花香及咖啡的香气。街边林立着花店、咖啡店、红酒吧和室内设计店铺，这是能让你度过一个慵懒和*hyggelig*的下午的绝妙之地。

寻找开放式三明治

smørrebrød字面意思是指铺开的面包。它是一种放在黑麦面包上的开放式三明治。丹麦人非常喜欢黑麦面包，它是住在国外的丹麦人第一个想念的东西。不过，初来乍到丹麦的人或者移民来此的人，会把这种面包比作“魔鬼的拖鞋”，因为他们实在厌恶这种面包的味道，你会发现它非常难咀嚼。

smørrebrød是正宗的丹麦午餐吃法。它可以有无数种配料，从鲱鱼到生牛肉，鸡蛋到海鲜，以及一些有着怪诞的名字如“兽医的夜宵”的配料。smørrebrød通常配啤酒和杜松子烈酒。在哥本哈根，你能找到许多传统的卖开放式三明治的地方，这样的午餐肯定能让你感觉HYGGE起来。

图书馆酒吧

在广场酒店（Plaza Hotel），靠近中央地铁站，你能找到开业于1914年的图书馆酒吧。那里有沙发、木制墙板、皮革包边的书和非常*hyggelig*的灯光。酒吧不时有特色的现场乐队演出，但是在安静的夜晚，这个酒吧也非常适合和朋友来一场深入的交谈。如果你在圣诞期间去这里，你会看到天花板上有一棵倒挂的圣诞树。

No 28 30

第十一章

完美圣诞

这是一年中最HYGGELIG的时节

对很多人而言，包括丹麦人，圣诞是一个美妙的节日。不过，“美妙”一词根本不足以描述圣诞节。你让任何国家的人用一个词来描述圣诞节，“快乐”“欢乐”“温暖”或“开心”等形容词都过于表面，无法概括。丹麦人也许会找到一个合适的，你忘记了吗？*hyggelig*！

在丹麦，一年总有一个月，白天是那样的短暂，若能瞥见一眼阳光都算你幸运了。在寒冷、潮湿的黑暗中骑车上下班，你会开始质疑怎么会有人认为到丹麦定居是个好主意。是，我知道，丹麦室外温度不是零下30℃，我们也没有遇到过飓风或海啸。但是居住在这里，你真的能感觉到天气之神一定不怎么喜欢丹麦人，他想让我们每年至少有一个月感觉痛苦和不安。

这就是丹麦的HYGGE季节。丹麦人不想让天气或者自然规律来控制他们的情绪和身体。因此，丹麦人没有选择进入冬眠，蒙头大睡（尽管在这潮湿的12月早晨的确很有诱惑力），而是决定以积极心态应对恶劣的天气。

虽然一整年都可能得到HYGGE，但是每年只有一次，HYGGE是一整个月的终极目标。若是达不到HYGGE的目标，丹麦人为圣诞节项目所付出的辛劳都会付诸东流。

栗子，壁炉，朋友和家人聚集一堂享受美食，红色、绿色和金色的装扮，圣诞松树的新鲜香气，所有人都知道的颂歌，和去年以及之前的每年都完全一样的电视节目，这些都是世界各地再普通不过的圣诞元素。从达拉斯到德班，人们唱着《去年圣诞》（*Last Christmas*）。从都柏林到迪拜，人们都熟悉电影《圣诞颂歌》的情节。在丹麦，也是如此。

丹麦人也有自己特别的圣诞庆祝方式，但是在活动和传统上，丹麦人的圣诞与德国人、法国人或者英国人并没有什么不同。

非要说丹麦的不同，那就是丹麦的圣诞通常都会被有意识地计划、思考和评估其与HYGGE的关系。在其他任何时节你都听不到丹麦人这么多次地提起HYGGE。只要有机会，人们就会提到它。丹麦语里还有一个复合词，*julehygge*（圣诞HYGGE），这既是形容词也是动词。“你想过来一起*julegygge*吗？”

以下的内容里，我会试图简要地概括一个适合*hyggelig*圣诞的秘方，帮你度过一个完美的丹麦圣诞，这是个艰巨的任务。丹麦人很珍惜他们的圣诞，我相信有很多丹麦人可能会不同意我将要提出的一些圣诞元素。但是，大多数人应该还是能从中找到共鸣。

家人与朋友

每年12月的下半月，丹麦就会发生全面迁徙。住在哥本哈根的外地人会收拾行李，带上一堆礼物，急匆匆地跳上驶向他们家乡的火车。

一个*hyggelig*的圣诞必须与家人和朋友一起开始，也和他们一起结束。只有在这些人周围，我们才感觉安全；他们是能让我们安心、舒服的人。他们了解我们，我们喜欢跟他们一起共度假日时光，是因为爱他们。社交关系的质量是检测我们情感健康的最好指标之一。

在我们的日常生活中，由于工作繁忙，我们与心爱的人见面时间很短。圣诞节就是一种弥补的方式，我们聚集在摆满美味盛宴的饭桌周围，彼此陪伴，享受生活。这就是*hyggelig*圣诞的最重要部分。世界各地的人们每年都做几乎相同的事，但是只有在丹麦人的家里，当有人说出“这真是*hyggeligt*”时，人们才会集体松一口气，真正放下心来。在那一刻，主人和客人都感到圣诞节已经到来，像样的HYGGE精神得到了实现。

要制造一个*hyggelig*的圣诞，光是家人团聚还不够。

传统

食物

在圣诞节，要达到HYGGE，有些特定的仪式和传统需要坚持。一个丹麦圣诞需要节日里的标准装饰，有丰盛的食物，组织多样的活动，这样才能被称为是真正*hyggelig*的圣诞。

首先，是食物。丹麦食物。重口味的丹麦食物。

丹麦圣诞菜单的主角就是肉，要么是烤猪肉要么就是烤鸭，通常两者皆有。配上煮土豆，煮土豆上覆上一块焦糖、炖得酸甜的红色卷心菜、肉汁以及酸黄瓜。有的是奶油炖卷心菜、香肠和各种不同口味的面包。

为了让这场盛宴更加完整，我们还有一道真正的丹麦美食——risalamande（这个词来自法语中的risàl'amande，这也让它听起来更加华丽），是半生的奶油，半熟的米饭，加入切细的杏仁，上面淋上热的樱桃酱汁。吃risalamande不仅仅是一种美味的体验，它更是一种社交。因为在这一大碗甜点里，藏着一整颗杏仁。

通常，当每个人的碗里都添上了risalamande的时候，沉默就开始弥漫整个房间。大家你看我，我看你，互相揣测。特别像一场扑克游戏或是西部枪战片中的场景。“谁会找到杏仁？”不论谁找到杏仁都能得到一个礼物，会被评为最幸运的人（莫名其妙的是，有些人真的总比其他人更容易找到杏仁）。

很快，沉默就被好奇的问题打破了：“你找到了杏仁，对不对？”“你把它藏起来了，就像去年一样，是不是？”找到杏仁的那个人会故意把它藏起来，拒绝承认自己已经找到了，以便引诱其他人把他们碗里的甜点都吃光——这简直成了一种“邪恶”的吃饭大赛。在圣诞期间，吃甜点变成了一种*hyggelig*的社交活动。听起来很有意思吧？你应该尝一尝。对我们的身体来说，幸运的是，我们一年只需享用一次。

装饰

没有节日装饰的*hyggelig*圣诞是不完整的。装饰的种类可能比食物更多，因为每个家庭都从父母和祖父母那里继承了只属于他们的独特的装饰品。可能是nisse（一个小精灵或者小矮人）、动物和圣诞老人的雕像，也可能是小型的基督诞生雕像、短号或者由光面纸编织的心。

这种编织的心形纸在丹麦以外很少见得到。它的起源归因于汉斯·克里斯蒂安·安徒生，一位剪纸大师。它是由两层开孔的光面纸制作而成，这两张纸的剪纸切面编织在一起，组成了心形，有各种颜色和不同的图案，每个丹麦人都至少掌握一种制作心形纸的方法。（见第235页里关于如何制作你自己的编织心形纸的说明。）

然后，还有蜡烛（当然）。进入12月将面临百分之百的黑暗，你需要各种不同种类的照明——而且蜡烛也很*hyggelige*。丹麦有一种独特的圣诞蜡烛，叫基督降临蜡烛，又叫日历蜡烛。做成像卷尺的样子，标记从12月1日开始，到12月24日结束。

每天，相对应的一截蜡烛就会燃烧掉。不过，几乎没有人会在只有他独自一人的时候点燃这个日历蜡烛。要么是在早晨，当父母心急火燎地张罗着让每个人准备好去上学或上班的时候；要么就是在晚上，当黑暗再次蔓延，所有家庭成员都聚集在餐桌边的时候。毫不夸张地说，这个日历蜡烛就是整个家庭的核心。它在此时此地把所有人聚集在其周围。此外，它还满足了丹麦人对于圣诞倒计时的迷恋。

HYGGE倒计时

基督降临蜡烛并不是丹麦人倒数这一年终极HYGGE那天的唯一方式。丹麦的孩子还有基督降临日历，每天打开一个切面，就能揭开一个圣诞符号或图案。

更豪华的版本就是一系列木盒子或者纸板箱，里面包含了一个圣诞小玩具或糖果。有些家庭甚至还有日历礼物，孩子们在圣诞节前每天都得到一个小礼物——到圣诞节那天他们能得到更多。

然后还有电视日历。大多是为孩子准备的，给孩子提供一种*hyggelig*的活动，提高他们等待时的容忍度。每年，大多数电视台都会播放自己的与圣诞相关的电视剧，连续24集，直到12月24日那天，当大人们都在忙着为最后一刻做准备的时候，剧情达到高潮。

为了强调圣诞真的是HYGGE的时节，这些电视剧都有一个重复出现的人物，Lunte，一个精灵，他通常会说“*hyggehejsa*”（HYGGE你好）向人们致意。当孩子们在开怀大笑，享受看电视剧的时光的时候，你会发现大人们也时不时会看上一眼屏幕，会心一笑，回忆起他们小时候在等待圣诞节那天来临前的类似场景。

传统对HYGGE很重要。传统让我们回忆起我们和家人及朋友共度的美好时光。传统已经成为我们生命中的重要部分，没有它们，就好像失去了什么，一切都没有滋味。

1
2
3
4
5
6
7
8
9
10
11
12
13
14
15
16
17
18
19
20
21
22
23
24
HYGGE

放松下来

为打造一个完美的HYGGE圣诞要做如此多的准备，是不是让你感到有点疲惫？对此我也深有体会。

任何节日都有这样的问题，节日本来是为了欢聚、团圆、享受、放松，但节日也往往意味着要打破正常的生活秩序，陷入一片忙乱。为节日做准备的这段时间，你可能会感到比平时更累，更辛苦。

而在丹麦，人们对圣诞的要求又比其他节日更高，必须要让每个人都感觉到HYGGE，如果没有，那么这个圣诞就不够完美。

还记得我的一个朋友评论说，能让我们在小木屋里的时光变得更加*hyggelig*的唯一方式，就是此时外面风雨交加。他想表达的意思就是，当我们能明显感受到恶劣环境与温馨环境的区别，我们会对HYGGE体会更深，也会越发珍惜。

那么，就让我们把节日前的这番手忙脚乱、焦头烂额的准备，当做黎明前的黑暗吧。黑暗时光越漫长，我们越感到煎熬，这拨云见日的黎明就越令人欣喜和激动。

我们为了准备一个完美圣诞所付出的精力、时间，我们花的那些心思，绞尽脑汁构思出的创意，最终都会在圣诞那天给予我们惊喜的回报：当家人团团围坐桌前，大块朵颐着美味丰盛的一道道大餐；

当别具一格的灯饰被点亮，圣诞歌声响起，蕴含着情感的礼物在大家手中传送；人与人前所未有的亲密、和谐，彼此送上真挚的祝福。此时，你会感到之前一切努力都是值得的。

说到礼物，也要特别提一下。因为我们一直强调，HYGGE无关金钱，越朴素，越HYGGE。但礼物无疑很难把握好这个度，总会有些人觉得，便宜的礼物太没面子，拿不出手，于是他们选择送昂贵的礼物，而这对收礼物的人会造成一些压力。在我们看来，这样可就违备了HYGGE的原则。

在丹麦，圣诞HYGGE是强调平等的。如果有任何人让人感觉他比较特殊，他比别人优越或者阔绰，那都不是HYGGE。

因此，一个完美圣诞，除了前面提及的一切准备工作外，我们还应该特别注意的，就是礼物的选择。多花一些心思，送出符合对方心意，同时又不给人造成压力的礼物。是对方心仪已久，但又不会让他有心理负担的礼物。我想，只要你们之间有足够的了解，这一点并不难做到。

在彼此交换了满意的礼物后，圣诞就算完美结束了，接下来会有一段相对平静的时光，一直到新年前夕。

松饼球

松饼球是一种圣诞假日的传统丹麦点心。不要忘记配上香料热红酒（见第94页的食谱）。你需要一个特殊的锅——一个松饼球锅，可以在网上购买。

4~6人份

3个鸡蛋

450毫升牛奶

250克面粉

1 大汤匙糖

¼ 小茶匙盐

½ 小茶匙小苏打粉

3 大汤匙融化的黄油

糖粉，上菜时的配料

果酱，上菜时的配料

---

1. 把蛋黄、牛奶、面粉、糖、盐和小苏打粉混合并搅拌均匀。把混合物盖上，饧面30分钟。

2. 待混合物膨胀后，搅拌蛋清直到其变硬，轻轻倒在混合物上。

3. 加热松饼球锅，在每一个洞里放一点黄油，倒入一些混合物，装满¾，中火煎。频繁翻转松饼球，让它们煎得均匀。通常需要煎5~6分钟。第一次翻转的时候需要等到松饼球底部已经结了棕色的硬皮，但由于顶部的面团还是稀的，可以用棒针或者烤肉叉帮助翻转。

4. 趁热吃，搭配糖粉和你最爱的果酱。

圣诞编织心

在丹麦，有一个古老的传统，就是用纸折成心形，作为圣诞树的装饰。

这个传统的起源已经无人知晓，但是为人熟知的最古老的心是汉斯·克里斯蒂安·安徒生在1860年制作的。它至今还被保留在博物馆里。在20世纪初，制作圣诞心开始广泛流行，人们觉得用光面纸编织这种折叠的心能提高孩子的动手能力和专注力。如今，有孩子的家庭都会在12月某个周日的下午，一起制作圣诞心，度过一段难忘的美好时光。

如何制作编织心

你需要：两张不同颜色的光面纸（这里我们用的红色和蓝色），一把剪刀，一支铅笔和一点耐心。

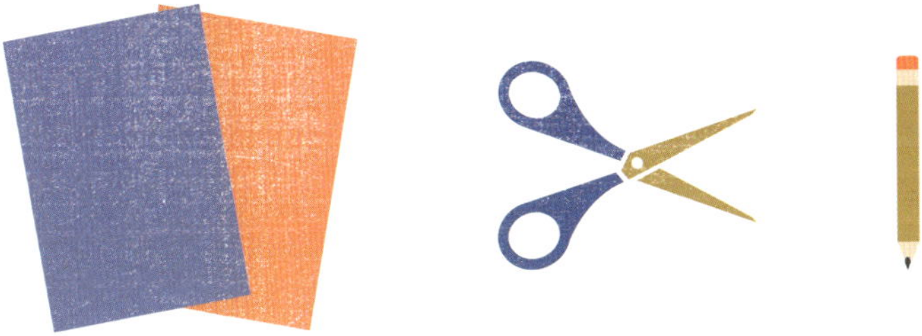

X心

Y心

第一步：

把彩色光面纸对折（如果纸只有一面是彩色的，把彩色的一面朝外）。在每一张折叠纸的外侧，在一个U形轮廓里画四条直线（一张是X心，另一张是Y心）。

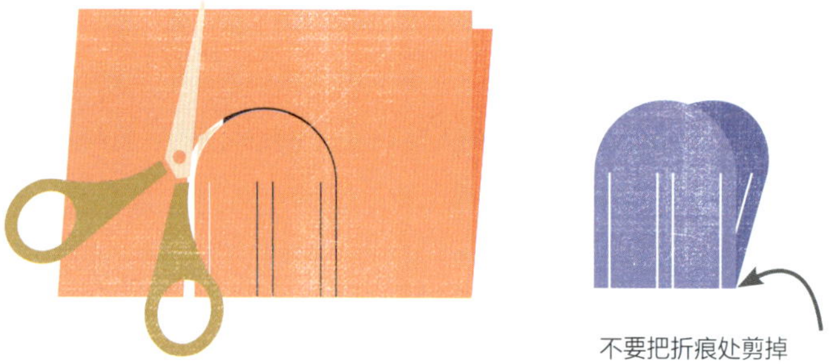

第二步：

剪出所有切割线里的形状。现在你得到了两种颜色的剪纸各一张。每张剪纸都有两层纸以及五个切面。

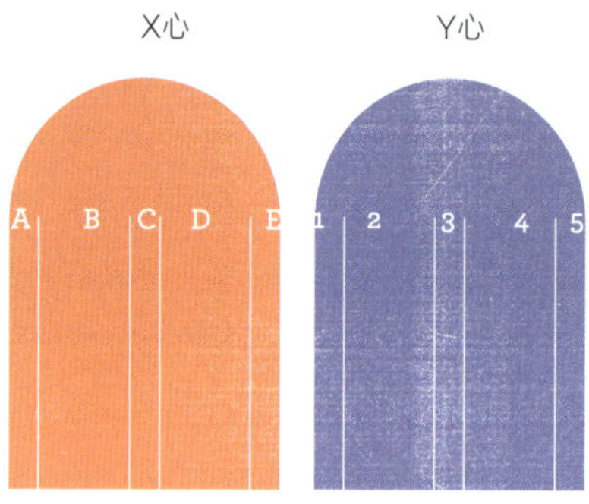

第三步：

褶切面只有两种折法：要么一个切面穿过另一个切面的中部，或者另外一个切面穿过它的中部。相邻的切面交替，所以如果一个切面穿过另一个切面，其相邻的切面就相反。

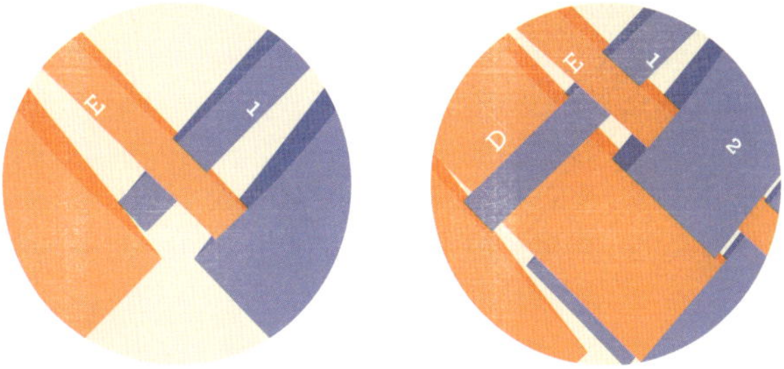

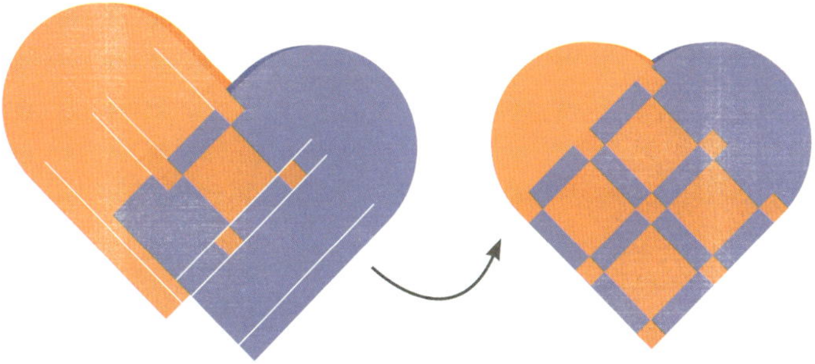

为了制作编织心，蓝色剪纸的切面1穿过红色剪纸的切面E；切面D穿过切面1；切面1穿过切面C；切面B穿过切面1；然后切面1穿过切面A。

重复以上步骤开始切面2的折叠，但是开始时的动作是相反的，要让切面E穿过切面2。切面3的步骤跟切面1一样；切面4与切面2一致；切面5与切面3和切面1一致。当切面5穿过了切面A，这颗心就大功告成了。

现在你是一个合格的丹麦人了！

第十二章

没有蜡烛和壁炉的夏天

生活其实很简单

虽然夏天可能不太适合用蜡烛和壁炉，但是夏天也可以很*hyggelig*。夏天是新除过的青草的味道，是晒黑的皮肤、防晒霜和咸咸的海水。

夏天是坐在树荫下读书，享受漫长的夏夜，同朋友一起站在烧烤架旁喝酒聊天。夏天并不意味着你就一定要减少HYGGE——它只是与秋天或冬天不同类型的HYGGE罢了。

以下是关于在夏天获得HYGGE的五个建议。

1. 亲身实践苹果酒屋法则[①]

没有什么比花一天时间在果园采摘水果更加*hygglig*的事了。几乎每年，我和朋友都会去一次Fejø——一个位于丹麦南部，以苹果闻名的小岛。那里有成排成排的苹果树和李子树。如果我们在盛夏抵达此岛，那时候蛋白石李子和菲利帕苹果都成熟了。

在果园度过一天能让你得到另外一天的HYGGE，那天你可以制作果酱或者以其他方式保存你摘的水果。今年，我希望我们能够为制作苹果酒再去那里一趟。也许是时候开那个我之前提到的储藏室聚会了。

① 苹果酒屋法测：源自电影《苹果酒屋法则》（*The Cider House Rules*），又译为“总有骄阳”，电影根据约翰·欧文的同名小说改编而成。讲述缅因州一个一心梦想着走出孤儿院的年轻人，终于来到一座苹果园，和移民们一起摘苹果，看到和过去完全不一样的世界。——译者注

2. 和家人朋友一起烧烤

点燃烧烤架，能让HYGGE迅速升温。这是一种世界大多数地方都在实践的HYGGE活动。邀请你的朋友和家人一起烧烤，在等待烤架上的火苗达到合适的温度时，可以来一场槌球[①]游戏或者维京海盗游戏。

① 槌球：在草坪或地面上用长柄木槌击球，使之穿过一连串铁环门的室外游戏，起源于法国。英国在13世纪有人玩这种游戏，17世纪又传到苏格兰和意大利。20世纪30~40年代，槌球游戏传到中国。——编者注

3. 参加或者创建一个社区花园

如今，社区花园被广泛推广。它把田园气息引入都市，你可以一边照顾你的西红柿，一边端杯咖啡和其他的园丁们聊聊天，交流心得。既能感受到*hyggelig*又获益良多。此外，它能让当地的社区居民团结起来，促进社区和谐发展。何乐而不为?

创建社区花园是幸福研究所推荐的提议之一。当时我在紧邻哥本哈根的一个小镇工作，试图找到改善社区的社会结构，减少孤立和孤独的方法。社区花园这个创意实在很棒，我觉得我们应该自己先建立一个。我们做到了。

我们办公室的街对面有一个教堂，那里正好有一块多余的土地，可增加20个左右的植物床。我们买了7吨土，花了一个星期天的下午来建造这个花园，当然，为达到HYGGE顶峰，我们以烧烤结束了这愉快的一天。

4. 海滩边的野餐

夏天是一年中最美好的时节，你可以去当地的农夫市集，往篮子里装满草莓、樱桃和西瓜。再采购一点面包和奶酪，满载而归。

带上你所有的朋友，或者只约一个特别的人，在海边找一个角落。这是整个夏天里你可以做的最*hyggelig*的事。在谈心、阅读和无所事事的自由中，一整天就这样轻松地度过了。

5. 骑货运自行车[①]

要想深度体验你所居住的城市，那就骑上自行车，好好转一圈看一看吧。带上你的孩子、配偶、父母、你最好的朋友、你的狗，骑上货运自行车，在城市里观光兜风。当然，你也可以走路或者开车。但是货运自行车可以变成HYGGE移动城堡。

带上枕头、毯子、零食、唱片、野餐篮子或任何你需要的东西。这是度过夏天午后的绝妙方式，一条暖和的毯子和宽松的毛衣在一年中的所有外出活动中都适用。某个冬天，我曾带着一个美丽的瑞典女人在哥本哈根的圣诞灯光中骑行，途中我试图向她求爱，可惜失败了。“是时机不对吧”（我觉得这句话在所有的语言中都可以翻译为“我只是没那么喜欢你”），但是我确信这并不是因为她觉得我们的约会缺乏HYGGE。

① 货运自行车：英文名叫cargo bike，顾名思义是可以装载货物的自行车。不同于普通自行车或电动车，货运自行车首先载重量更大，其次允许人力蹬踩，再者就是外形好看。国内或许还没怎么见到这种车的身影，但在欧洲，货运自行车使用率极高，结构形式也多种多样。例如2014年在哥本哈根这座面积不到北京0.6%的城市，就有25 000~35 000辆货运自行车。——编者注

骑车使人快乐

除了HYGGE，安徒生，乐高和丹麦设计，丹麦还因爱好自行车而闻名。

当一个国家的最高点不超过200米，当城市为方便骑行者在基础设施上投入大量资金时，这个国家很容易成为自行车狂热国。（150%~180%的汽车税大概也是推动力。）

丹麦人确实热爱自行车，热爱骑行。在哥本哈根生活、学习或工作的人中，有45%的人骑车去他们学习和工作的地方。大约有1/3在城市工作却住在郊区的人，也选择了骑车通勤。我觉得，大多数人喜欢骑自行车，是因为这是一种能让我们的日常生活增加一点运动量的最容易的方式，并且这也是一种环保节能的方式。不过，那并不是哥本哈根人骑车的原因。我们这样做是因为简单和方便。基本上这也是从A地到B地的最快捷的方式。

还有一个也许被忽视的额外好处：骑车让人更加快乐。

2014年由东安格利亚大学诺威治医学院和约克大学卫生经济学中心完成的一项对近18 000名成人通勤者超过18年的全面跟踪调查，发现骑车上班的人比那些开车或者使用公共交通的人更加快乐。

你可能会反驳说，我们不能确定因骑车而快乐。也许可以倒过来说——就是快乐的人更倾向于骑车。这就是有趣之处。当研究人员分析调查结果，他们发现这些年以开车或者公交通勤的人改为骑车或走

路后，变得更快乐了。为了以更令人信服的论据进一步说服你选择自行车，另外一项来自蒙特利尔的麦吉尔大学的研究，同样也发现那些骑自行车上班的人对他们的通勤方式感到满意，即使这样会增加他们在路上的时间。

如果快乐还不足以成为一种动力，那就让我告诉你，根据一项由乌德勒支大学所做的荷兰（也是自行车王国）研究显示，在你日常的通勤中，从开车换成骑自行车，能增加3到14个月的寿命，并且丹麦的一项研究得出结论——也许并不奇怪——那些骑车上学的孩子明显比坐车上学的孩子身体更健康。

“好吧，”你可能会说，“所以骑自行车能让我更加健康更加快乐。但是健康和快乐究竟有什么好？又不能换成钱……”如果你这样想，那么你就不是我下一个论点的支持者，在这里，我的结论是：如果你骑自行车，将对社区也有益。

骑自行车不仅对个人的福祉和健康有益，它也是测试邻里和当地人社区意识的指标。一项2012年对超过21 000个人的瑞典研究发现，开车旅行的人通常很少参加社交活动或家庭聚会。此外，司机对他人的信任度相对也更低。那些选择步行或者骑自行车到达目的地的人会更多地参与社交活动，而且对他人的信任度相对更高。

这并不意味着把你的汽车换成自行车会马上提升你对他人的信任度。研究者将通勤距离的增加作为一项解释：因为劳动力市场扩大，人们工作的地方更远了。这也意味着人们的社交网络在地理上进一步扩张，从而降低了他们对当地邻里的归属感和参与感。如果一个城市被设计成需要让人们长时间开车去工作，就会破坏那座城市的生态平衡。如果很多人骑自行车，这可能表明你住在一个健康的社区。

第十三章

HYGGE的五感

虽然HYGGE是一个无形和抽象的概念，但是我相信我们可以用所有的感官去感知它。HYGGE有味道、声音、气味和纹理——并且，我希望，你从现在开始能清晰地感受到它。

HYGGE的味道

味道是HYGGE非常重要的一个要素，因为它总是与吃东西相关。并且不能是太另类、太奢侈或味道太难接受的东西。

HYGGE的味道几乎总是很熟悉、很甜，让人感觉很舒适的。如果你想做一杯更加*hyggelig*的茶，那就加点蜂蜜。如果你想做一个更*hyggelig*的蛋糕，那就加点糖粉。如果你想让你的炖肉更加*hyggelig*，那就加点红酒。

HYGGE的声音

木柴燃烧时火花四溅的爆裂声可能是最*hyggelige*的声音了。如果你住在公寓里不能用壁炉，也不用沮丧，至少没有火灾的风险。

很多声音都可以是*hyggelige*的。实际上，那是一种非常安静单一的声音，如雨点滴落在屋顶；窗外呼啸的风声或者你走在木地板上的咯吱声。画画、做饭或者编织的声音也可以很*hyggelig*。在任何一个安全环境里听到的声音都是HYGGE的声音。比如，打雷的声音可以很*hyggeligt*，如果此时你正在室内，并感到绝对安全的话——而如果你正在外面狼狈地躲雨，可能就不会这么觉得了。

闻起来很HYGGE

你曾经闻到过某种味道，能把你带回到某个让你觉得安全的时间和地方吗？或者闻到过某种回忆中的味道，让你忆起童年的时光？

是否曾有某种东西的味道激起了安全和舒适的情感，就像面包店里面包刚出炉的香气，或者你童年时的花园里那株苹果树的芬芳，又或许是你父母的老房子里那熟悉的木质楼梯的味道？

什么才是*hyggelig*的味道，人与人之间感觉迥异，因为味道与一个人过去的经历有关。对于一些人来说，清晨香烟的味道是最*hyggelig*的；而对其他人来说，这种味道也许会引发咳嗽和头痛。

所有HYGGE味道的一个共同点就是它能让你联想到安全和被爱。我们用嗅觉去感知某种东西是否可食用，我们同样也可用此方法去辨别某个地方是否是安全的，我们是否要保持警觉。HYGGE的味道是一种能让你放下所有戒备的味道。比如做饭的味道，你在家常用的毯子的味道，它们都意味着熟悉、习惯和安全。

HYGGE的手感

如我之前提到的，让你的手指抚过一张木制书桌、一个温暖的陶瓷杯或者摩挲驯鹿的毛皮都能带来HYGGE。

花很长时间手工制作的东西通常比买来的东西更加*hyggeligt*，老物件总是比崭新的物品更加*hyggeligt*，小东西总是比大的要更*hyggeligt*。如果美国的口号是“越大越好”，那么丹麦的口号就是“越小越*hyggeligt*”。

在哥本哈根，几乎所有的楼房都只有三到四层高。用钢筋混凝土、玻璃和钢铁建成的新房子不可能比这些老房子更HYGGE。任何由真正的工匠做的东西——那些用木头、陶器、羊毛、毛皮等做出来的物品，都是*hyggeligt*的。闪闪发光的金属和玻璃是不*hyggeligt*的——不过如果它们够古老，也是可能的。那些粗糙的、有机的、表面不完美的东西以及那些已经被岁月侵蚀的东西更像是HYGGE的触觉。在一个寒冷和温暖差别过大的地方，温暖的触感也是HYGGE的。它给人一种在恶劣环境中找到舒适的感觉。

看见HYGGE

正如我之前说的，HYGGE很大一部分跟灯光有关。
灯光太亮就不*hyggeligt*。

同时，HYGGE也与从容有关，一切都是慢慢进行的。比如，轻轻飘落的雪花——或是像因纽特人说的*aqilokoq*（温柔的飘雪），或者从一个火堆蹦出来的慵懒的火焰。简而言之，慢动作和暗淡、天然的颜色是*hyggelige*。明亮无菌的医院或者高速路上飞速行驶的车辆不是*hyggelige*。

HYGGE是暗淡、质朴而缓慢的。

HYGGE的五感

HYGGE与安全的感觉有关。HYGGE表明你信任和你在一起的人与你所在的地方。

HYGGE可以被品尝到、听到、触摸到、看到和嗅到。最重要的是，HYGGE是感受。在这本书的开头，我提到小熊维尼，我认为他的智慧是真理。你不用拼写爱，去感受它就够了。这就把我们带到了这本书的终极主题：幸福。

第十四章

HYGGE和幸福

如今，世界各国的政治领袖都开始关注国民幸福，他们也会采取一些措施，来提升社会整体幸福感。不只是生活水平，还有生活质量。正如罗伯特·肯尼迪在40多年前竞选总统时说的那样：

> 国民生产总值并不包括我们孩子的健康，教育的质量，游戏和快乐，也不包括我们诗歌的美丽，婚姻的坚固，公众的智慧以及官员的清廉……国民生产总值衡量一切，却将人生价值排除在外。

CUP of TEA
HAPPINESS
IS A CUP of
TEA & a NEW
MAGAZINE

最近几年，丹麦频频出现在各大幸福排行榜，这也增加了人们对幸福调查的兴趣。“几乎每年都有一次新的研究证实，丹麦是当之无愧的幸福超级大国。”一个《纽约时报》的记者在2009年写道。此后，这个论调变得越发真实。

联合国已发布四次“世界幸福报告”。除了有一次滑落到第三位，丹麦每一次都在榜首。而在众多研究机构发布的幸福宜居国家排行榜上，丹麦始终都位列榜首。

OECD（世界经合组织）的生活满意度调查、欧洲社会调查的幸福研究显示的结果也是如此，《全球观点生活》（*Monocle*）杂志有好几次把哥本哈根排在世界最宜居城市的榜首。现如今在丹麦，只有当它不是幸福指数排名第一的时候，才会成为新闻。此外，当听到丹麦是全世界最幸福的国家的时候，大多数丹麦人都会有点忍俊不禁。想象在阴冷的2月清晨，那些赶着去上班的人，很难看出来他们就是世界上最幸福的人。

那么，为什么丹麦人会那么幸福?

丹麦的幸福指数排名

第一名
2016年度
世界幸福报告

第三名
2015年度
世界幸福报告

第一名
世界经合组织美好生活
指数——2015年度
生活满意指数

第一名
2014年度
欧洲社会调查

第三名
世界经合组织美好生活
指数——2014年度
生活满意指数

第一名
2013年度
世界幸福报告

第五名
世界经合组织美好生活
指数——2013年度
生活满意指数

第一名
2012年度
世界幸福报告

第一名
2012年度
欧洲社会调查

幸福的丹麦人

正如以上讨论的那样，全球调查结果频繁地提名丹麦为世界上最幸福的国家，这自然就引发更多幸福研究者的兴趣。在丹麦，高水平的幸福指数背后的原因是什么?

在幸福研究所，我们曾尝试回答出现在“幸福的丹麦人——探寻丹麦高幸福水平的原因”报告里的这个问题。一般来说，会有这样几个因素影响幸福感——遗传、人际关系、健康、收入、工作、目标感和自由。

但是丹麦幸福指数高的重要原因是国家福利，因其降低了人民的不确定性、焦虑和压力。可以说丹麦是世界上最幸福的国家或者说丹麦是世界上不幸福的人最少的国家。丹麦完备的国家福利制度保障了每个人的幸福，减少了那些极端不幸出现的可能。

在丹麦几乎没有穷人，贫富差距是全世界第二低。大学教育免费，18岁以上还可以领生活津贴。医疗免费，看医生、住院都是免费，此外还有高额的失业保险，这些都大幅度地减少了不幸的发生。

此外，丹麦人的信任度非常高，丹麦父母可以放心地把婴儿车留在店外，自己跑进店里购物，喝咖啡，不用担心孩子冻着或者被抱走。丹麦人的自由度也很高，他们坚信人生由自己掌控。

人民生活富足，政治清明，社会运转良好。不过，这些因素也并没有显示出丹麦跟其他北欧国家有什么不同。挪威、瑞典、芬兰和冰岛与丹麦的福利水平相当（这也是北欧国家通常都在幸福排行榜前十名的原因）。也许HYGGE才是真正让丹麦区别于其他北欧国家的因素。HYGGE和幸福是密不可分，息息相关的。HYGGE是日常幸福的目标，HYGGE的一些关键成分是幸福的动力。

HYGGE作为社会支持

对人类幸福影响最大的因素是社会支持。

丹麦幸福指数很高的一个原因是人们工作与生活的平衡，宽松的工作时间，让人们有更多时间陪家人和朋友。OECD美好生活指数显示，丹麦人比其他OECD成员国居民拥有更多的自由时间；同样，欧洲社会调查也表示，33%的丹麦人表示所有或大多数时候感觉平静、平和，而德国是23%，法国为15%，英国则是14%。

国家政策是一方面，也许HYGGE同样培育了一种你与所爱的人在一起的特别方式。在归属感一章里，我们提到了人际关系，HYGGE以及幸福之间的联系。

这种联系无论怎么强调都不过分。在1943年，俄罗斯裔美国心理学家亚伯拉罕·马斯洛提出了一种被称为金字塔模型的人类需求理论，提出我们必须从金字塔底部往上满足我们的需求。最基本的需求都是生理上的：食物、水和睡眠，还有安全。然后就是我们的社会需求，我们对爱和归属的需求。若没有这些需求，我们将无法继续达到自尊和自我实现的需求。

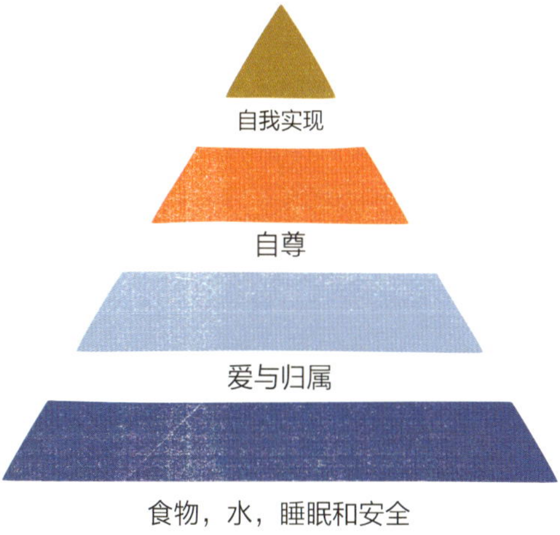

今天，当幸福研究者在分析那些觉得自己幸福的人的共同点时，发现一个共同现象，这些人都有着积极的有意义的社交关系。研究同样也表明，当个体在经历社会隔离时，许多人的大脑区域变得活跃，这些区域与在经历身体疼痛时活跃的大脑区域相同。

目前为止发布的四期“世界幸福报告”都充满了人际关系与幸福之间联系的证据。家人、朋友和与所爱之人的亲密私人关系是影响幸福的重要因素。除了最贫穷的国家，人际关系的质量相比财富而言对幸福的影响更大。

据报道，在所有的社会关系中，最重要的关系是和所爱的人之间的关系，但是我们在工作中的人际关系，与朋友和社区的关系，也很重要。

所有有质量的人际关系都会影响我们的幸福，因果关系是双向的。研究表明，高度的幸福感也会带来更良好的社会关系。原因可能是幸福感促使我们的社交能力增强，进一步提升了我们的人际关系质量。实验也显示，情绪积极的人往往会表示出对社交活动更大的兴趣。同样，根据《世界幸福报告》，一个针对123个国家，跨越不同社会文化地区的调查发现，积极的情感与好的社会关系联系极为紧密。

总之，几十年的研究显示的证据都是支持我们的人际关系与福祉之间的联系的。更快乐的人拥有更多和更好的友谊及家庭关系。因此，良好的人际关系既能带来幸福也能因幸福而变得更好。

品味和感恩

正如我在第四章中提到的，HYGGE是对自己和他人的一次款待。它让你沉浸于当下，细细品味有美食陪伴的简单快乐。

更重要的是，HYGGE与感恩有关。我们时常提醒对方不要把一切视为理所当然。当你收到礼物时，感恩不应仅仅是一句简单的“谢谢你”。感恩是让你牢记你活在当下，让自己专注于这一刻，感激你的生活，珍惜那些你已拥有的东西，而不是一味纠结你失去或没有的。听起来有点鸡汤，但这是真理。

已有研究表明，练习感恩会对幸福产生影响。

根据加州大学戴维斯分校的心理学教授，研究感恩的世界顶级专家之一罗伯特·A·爱默生说，那些有感恩之心的人不仅比没有的人更加快乐，还更乐于助人，宽容和淡泊名利。

在他的一项研究里涉及了超过1000人的受访者，其中一些被告知写感恩日记，记下每周他们所感恩的事。研究者们发现感恩对心理、生理和社会都有益。那些写感恩日记的人说他们感觉到更多的积极情绪，如热情、开朗，并有更好的睡眠，同时疾病减少，他们会更愿意对周围的人伸出援手。

研究同样也显示感恩的人比其他人能更快地从创伤和痛苦中恢复，并且在不同的情况下更少感到压力。如此你便明白感恩在日常生活中的重要性了。

爱默生认为感恩让人们退后一步，看到他们所拥有的东西的价值，从而更加珍惜它。

HYGGE能帮助我们感恩每一天，是因为它的一切都简单质朴，保持初心。HYGGE是留住幸福的最佳方式。丹麦人喜欢计划安排*hyggelige*的时光，过后还会慢慢回忆。

“怀旧是HYGGE的一部分吗？”这本书的设计师问我。他已经读了我的第一稿的部分内容，我们当时在哥本哈根Værnedamsvej休闲街的Granola咖啡厅讨论对这本书的感受以及视觉设计。起初，我否定了他的想法。但是在写作的过程中，我慢慢开始意识到他是对的。重温HYGGE的时刻，坐在炉火前或者在法国阿尔卑斯山脉的那个阳台，或者是回到我童年时的夏天小屋，我陶醉在怀旧情绪里，深感幸福。与此同时，我注意到自己在微笑。

根据一项刊登在《个性与社会心理学》期刊（2006年11月刊）上的研究“怀旧：内容，原因，作用”指出，怀旧能产生积极的情感，增强我们的记忆和被爱的感受，并提升自尊。所以，幸福和HYGGE无疑都与感激当下有关，两者同样也可以被计划和保存。HYGGE和幸福都有过去、将来和现在。

HYGGE的幸福日常

我研究幸福。每天，我都在尝试回答一个问题：为什么一些人比其他人更加幸福?

有人告诉我音乐家在看音符的时候，脑袋里就能响起音乐。而我在看幸福数据时也是一样的。我能听见过着舒适生活的人满足的声音，能听见幸福的欢声笑语。

不过，很多人都怀疑幸福是否可以衡量。对于幸福是什么，不同的人有不同的看法。我们也承认这种观点，说“幸福”是一个涵盖性术语。我们把它分解，看看里面不同的组件。因此，当幸福研究所、联合国、世界经合组织和众多政府机构想要衡量幸福和量化生活质量时，我们可以从至少三个维度来分析。

首先，我们来看生活满意度。在国际调查中，我们通常会问人们这些问题：总体来说你对生活有多满意?或者是如果从0~10分打分，你的快乐是几分？退后一步去评价你的生活，想一想你可能拥有的最美好或者最糟糕的生活，再感觉现在的生活是怎样的？在全世界所有人中，这一项丹麦人得分最高。

其次，我们再来看情感或者是快感度。人们在日常生活中都经历了些什么样的情绪？如果回头看你的昨天，你感觉到生气、悲伤和孤独吗？你笑过吗？你感觉到幸福吗？你感觉被爱吗？

第三个维度便是所谓的终极幸福维度。这是以古希腊语中的幸福一词eudaimonia命名的。它是建立在亚里士多德对幸福的观点之上——对他来说，好的生活就是有意义的生活。那么人们是否有目标感呢?

理想的情况下，我们要做的就是追踪10000个或者更多的人，本着科学的态度（而不是偷窥狂），追踪他们超过10年。在这10年里，其中的一些人会得到晋升，一些人会失业，一些人会结婚。那么问题就是：这些生活境况的变化如何影响幸福的不同维度?

总体来说你有多幸福?你对你的生活有多满意？这些问题已经在世界各地无数次被问及和回答，所以我们现在可以在数据中寻找规律。

幸福的人有什么共同点，不论他们是来自丹麦、英国、美国、中国还是印度？什么对幸福有着普遍的影响，比如说，收入翻番或者结婚？幸福的共同特性是什么？

多年来我们一直在做这件事，比如，说到健康的时候，我们就调查那些活了100岁的人的共同特性。并且通过这些研究，我们了解到酒精、烟草、运动和饮食对我们的寿命都有影响。我们用同样的方法来了解什么对幸福最是重要的。

你可能会说，幸福是非常主观的。是的，当然是，也应该是。我所关心的是你对自己的生活的感受。我觉得无论幸福与否，你自己都是最好的裁判。与外界判断无关，当一天结束，最重要的，是你如何看待你这一天的生活。

调查和写作这本书，我开始意识到HYGGE可以成为日常幸福的一个动力。HYGGE给了我们语言、物品以及方法来规划和保存幸福——然后每天得到一点点。当我们在1月的阴冷下雨天工作了一整天后回到家，HYGGE也许是最能接近幸福的一件事。

让我们接纳它吧，那就是我们在生命中的大多数时间都可以享受人生，不只在寒冷的1月天，而是每天。无论是在异国他乡的海滩，还是自己这间温暖的蜗居，我们都能同时找到HYGGE和幸福。HYGGE就是充分利用我们所拥有的，过好每一天。本杰明·富兰克林说得更好：“与其说人类的幸福来自偶尔可能降临的鸿运，不如说来自每天都有的恩惠和快乐。”

现在，我要休假去看我的爸爸和他的妻子了。我想我会带块蛋糕。

图片来源

P.5 Westend61图片库/Getty Images图片库
P.11 图利·埃德雷拉/EyeEm图片库/Getty Images图片库
P.15 琳内特/Shutterstock图片库
P.30 安·克里斯汀/*Valdemarsro.dk*
P.40 桑德拉·斯塔克/EyeEm图片库/Getty Images图片库
P.45 安·克里斯汀/*Valdemarsro.dk*
P.51 迈克·维金
P.54 savageultralight摄影/Shutterstock图片库
P.56 Fotovika摄影/Shutterstock图片库
P.60 安·克里斯汀/*Valdemarsro.dk*
P.64 斯维特纳·索科洛瓦/Shutterstock图片库
P.71 米尔·赫里巴/哥本哈根媒体中心
P.74 La Glace蛋糕店
P.76 安·克里斯汀/*Valdemarsro.dk*
P.79 萨卡·巴比卡/Getty Images图片库
P.81 拉多文·瑟克/EyeEm图片库/Getty Images图片库
P.85 彼得·安德森/Getty Images图片库
P.88 安·克里斯汀/*Valdemarsro.dk*
P.90 安·克里斯汀/*Valdemarsro.dk*
P.92 安·克里斯汀/*Valdemarsro.dk*
P.94 AGfoto摄影/Shutterstock图片库
P.96 安·克里斯汀/*Valdemarsro.dk*
P.99 克劳斯·维尔芬/Getty Images图片库
P.103 雷娜塔·吉玛托娃/EyeEm图片库/Getty Images图片库
P.104 安娜·福克斯/EyeEm图片库/Getty Images图片库
P.106 Anne Vanraes阿内·万雷斯/EyeEm图片库/Getty Images图片库
P.109 露丝·詹金森摄影/Getty Images图片库
P.113 Serny Pernebjer瑟尔尼·帕纳比/Getty Images图片库
P.116 Kähler设计
P.117 IsakBA摄影/Shutterstock图片库
P.119 迈克·维金
P.121克里斯蒂安·塞普蒂米乌斯·克罗/Getty Images图片库
P.122 凯·波约森(Kay Bojesen)丹麦公司
P.123 安·克里斯汀/*Valdemarsro.dk*
P.124 乔迪·约翰逊/Shutterstock图片库
P.126 尤利亚·格里戈里尔瓦/Shutterstock图片库
P.129 迈克·维金
P.130 英雄图像/Getty Images图片库
P.132 Photographee.eu/Shutterstock图片库
P.134 吉尔·费里摄影/Getty Images图片库
P.138 迈克·维金
P.144 马克·沃尔克/Getty Images图片库
P.147 迈克·维金
P.148 Lumina图像 /Getty Images图片库
P.151 迈克·维金
P.155 莫顿·杰瑞乔/哥本哈根媒体中心
P.156 安·克里斯汀/*Valdemarsro.dk*
P.157 迈克·维金
P.159 迈克·维金

P.160 亨特豪斯制作 /Getty Images图片库
P.163 安・克里斯汀/*Valdemarsro.dk*
P.164 克劳斯・本茨/哥本哈根媒体中心
P.166 迈克・维金
P.168 伊桑・米勒/员工/Getty Images图片库
P.170 丹尼斯・帕斯克/EyeEm图片库/Getty Images图片库
P.171 维内沃夫/Shutterstock图片库
P.172 加内亚・伊万诺娃/Getty Images图片库
P.173 安娜・谢普洛娃/Shutterstock图片库
P.177 保罗・万特/Getty Images图片库
P.178 JAG 图像/Getty Images图片库
P.181 迈克・维金
P.183 安・克里斯汀/*Valdemarsro.dk*
P.184 Lolostock图片库/Shutterstock图片库
P.187 迈克・维金
P.189 莎拉・金恩/Nomad 电影
P.191 迈克・维金
P.192 托马斯・霍伊厄普・克里斯坦森/哥本哈根媒体中心
P.195 马塞尔・特尔・比戈/Getty Images图片库
P.200 *www.caecacph.com*/雅各布・肖恩和西蒙・拉乌/哥本哈根媒体中心
P.201 托马斯・霍伊厄普・克里斯坦森/哥本哈根媒体中心
P.202 La Glace蛋糕店
P.203 安德斯・博伊/哥本哈根媒体中心
P.204 Tivoli花园/哥本哈根媒体中心
P.206 蒂・斯坦恩/哥本哈根媒体中心
P.207 蒂・斯坦恩/哥本哈根媒体中心
P.208 蒂・斯坦恩/哥本哈根媒体中心
P.210 *www.caecacph.com*/雅各布・肖恩和西蒙・拉乌/哥本哈根媒体中心
P.213 马丁・海贝格/哥本哈根媒体中心
P.217 塞斯・范・瑞戈/哥本哈根媒体中心
P.218 蒂・斯坦恩/哥本哈根媒体中心
P.221 安妮雅尼卡・吉尔/Shutterstock图片库
P.222 克里斯・托尼森/哥本哈根媒体中心
P.227 安・克里斯汀/*Valdemarsro.dk*
P.228 蒂・斯坦恩/哥本哈根媒体中心
P.232 布伦特・霍夫克/Shutterstock图片库
P.234 贝琳达・格里/Great Dane Paper Shop大丹麦纸业
P.238 乔纳斯・史密斯/哥本哈根媒体中心
P.243 安・克里斯汀/*Valdemarsro.dk*
P.245 迈克・维金
P.246 Westend61图片库/Getty Images图片库
P.249 迈克・维金
P.250 蒂・斯坦恩/哥本哈根媒体中心
P.253 蒂・斯坦恩/哥本哈根媒体中心
P.255 阿德里安・拉扎尔/哥本哈根媒体中心
P.258 Westend61图片库/Getty Images图片库
P.262 WichitS 摄影/Shutterstock图片库
P.267 Here图片/Shutterstock图片库
P.271 肖恩・马里昂/Getty Images图片库
P.275 A. and I.Kruk摄影/Shutterstock图片库
P.282 A. and I.Kruk摄影/Shutterstock图片库

GRDL.1870

在此感谢幸福研究所的研究人员

Johan，Felicia，Michael和Kjartan

感谢他们对此书的帮助。

如果没有他们，工作将远远谈不上*hyggeligt*。

2016年6月，写于La Glace蛋糕店

图书在版编目（CIP）数据

丹麦人为什么幸福 /（丹）迈克·维金著；林娟译
. -- 北京：中信出版社，2017.5（2024.7重印）

书名原文 : The Little Book of Hygge: The Danish Way to Live Well

ISBN 978-7-5086-7434-6

Ⅰ. ①丹… Ⅱ. ①迈… ②林… Ⅲ. ①幸福 - 通俗读物 Ⅳ. ① B82-49

中国版本图书馆 CIP 数据核字（2017）第 067873 号

丹麦人为什么幸福

著　　者：[丹] 迈克·维金
译　　者：林　娟
出版发行：中信出版集团股份有限公司
（北京市朝阳区东三环北路27号嘉铭中心　邮编　100020）
承 印 者：北京利丰雅高长城印刷有限公司

开　　本：787mm×1092mm　1/32　　印　　张：9　　字　　数：128 千字
版　　次：2017 年 5 月第 1 版　　印　　次：2024年7月第14次印刷
京权图字：01-2017-2091
书　　号：ISBN 978-7-5086-7434-6
定　　价：58.00 元

图书策划 文艺出版社
策划编辑 李静媛 陈小芬
责任编辑 陈小芬
营销编辑 罗文悦
责任印制 刘新蓉
装帧设计 周滕家二郎 李一 | 中信创意工场

出版发行 中信出版集团股份有限公司
服务热线：400-600-8099 网上订购：zxcbs.tmall.com
官方微博：weibo.com/citicpub 官方微信：中信出版集团
官方网站：www.press.citic